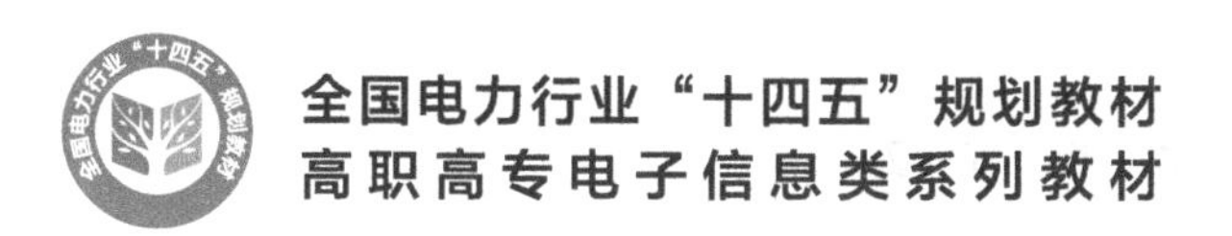

HIVE 数据仓库实践

主　编　冯明卿　袁　帅　王晓燕
副主编　李俊艳　简艳英　赵　波　段　锐　王宁博
编　写　卢　珊　唐佐侠　刘涵青　侯思悦　刘沣啸
　　　　王　楠　李亚栋　董　亮
主　审　易焱华　李　祺

中国电力出版社
CHINA ELECTRIC POWER PRESS

内 容 提 要

本书为全国电力行业“十四五”规划教材。

本书以项目任务式，培养学生的 Hive 数据仓库实践能力。本书共分为八个项目，主要内容包括探索 Hive 开发环境、探索 Hive 数据之林、Hive 数据管理、Hive 数据智能探索、员工信息管理系统、实现数据存储与压缩的融合、数据智能调优、综合实践——智慧电商数据分析平台等。本书由学校教师与企业专家共同编写，应用项目式、理实一体化教学、思政教学，引入企业真实项目，并包含丰富的学习资源。同时提供丰富的微课视频、PPT 课件、教案、题库、项目案例数据和代码。各章力求原理叙述清晰，易于理解，突出理论联系实际，辅以代码实践与指导，引领读者更好地理解与应用 Hive 数据仓库技术，快速迈进数据仓库与数据挖掘领域。

本书可作为高职高专、职教本科、应用型本科等院校的大数据技术、软件技术、计算机科学与技术、数据科学与大数据技术等相关专业的教材，也可作为科研人员、工程师和大数据爱好者的参考书。

图书在版编目（CIP）数据

Hive 数据仓库实践/冯明卿，袁帅，王晓燕主编．—北京：中国电力出版社，2024.3（2025.1重印）

ISBN 978－7－5198－8564－9

Ⅰ.①H…　Ⅱ.①冯…②袁…③王…　Ⅲ.①数据库系统－程序设计　Ⅳ.①TP311.13

中国国家版本馆 CIP 数据核字（2024）第 047189 号

出版发行：中国电力出版社
地　　址：北京市东城区北京站西街 19 号（邮政编码 100005）
网　　址：http://www.cepp.sgcc.com.cn
责任编辑：冯宁宁（010－63412537）
责任校对：黄　蓓　李　楠
装帧设计：赵姗杉
责任印制：吴　迪

印　　刷：北京天泽润科贸有限公司
版　　次：2024 年 3 月第一版
印　　次：2025 年 1 月北京第二次印刷
开　　本：787 毫米×1092 毫米　16 开本
印　　张：12.25
字　　数：30 千字
定　　价：42.00 元

PREFACE

前言

大数据时代的到来给企业带来了前所未有的机遇和挑战。在海量数据背后，蕴藏着巨大的价值，然而，如何高效地管理、存储和处理这些海量数据成了摆在企业面前的重要问题。

中国的大数据行业正处于快速增长和广泛应用的阶段。作为全球较大的数据生产国家，中国拥有丰富多样的数据资源。政府提出了“互联网＋”和“数字中国”战略，积极推动大数据技术在各行各业的应用，推动数字经济的发展。与此同时，中国的大数据行业也不断壮大，产业链日益完善，涉及数据采集、存储、分析和应用等多个环节。

Hive作为大数据领域一种重要的数据仓库解决技术，以其强大的分布式存储、灵活的数据查询功能和高效的数据压缩优化，成为众多企业构建数据仓库的首选工具。本教材旨在为读者提供一套实践指南，帮助他们理解和应用Hive，构建高效、可靠的数据仓库系统。

本书是专为应用型本科和高职学生撰写的实践指南，内容涵盖了Hive的核心概念和原理，从Hadoop和Hive的安装和配置开始、Hive的各数据类型定义，到数据库和表的操作、数据的查询、内置函数的应用、数据各存储格式的使用场景和压缩、数据调优和智慧电商数据仓库系统的搭建，逐步引导学生掌握Hive的使用方法和技巧，帮助读者构建完整的数据仓库流程。

项目一主要训练Hadoop和Hive的环境搭建能力，共有2个任务，任务一通过Hadoop大数据开发环境搭建实践，理解Hadoop的知识，掌握Hadoop完全分布式集群搭建；任务二通过Hive环境搭建实践，理解数据仓库和Hive概念，掌握根据需求进行合理Hive部署。

项目二主要训练Hive数据定义能力，有1个任务，任务通过定义不同类型数据实践，理解基本数据类型，复杂数据类型，并掌握不同数据类型的定义。

项目三主要训练Hive数据管理能力，共有2个任务，任务一通过Hive数据库和表操作实践，理解Hive DDL，掌握Hive DDL数据库增删改查等，掌握Hive数据表的增删改等能力；任务二通过员工信息数据的导入、导出实践，理解Hive DML，掌握数据导入和导出的操作能力。

项目四主要训练Hive数据检索能力，共有2个任务，任务一通过员工信息基本查询实践，理解和掌握Hive的运算符、常用函数、筛选条件等概念和操作；任务二通过员工信息高级查询实践，掌握分组、排序、Join等高级查询能力。

项目五主要训练Hive内置函数和自定义函数应用能力，共有2个任务，任务一通过员工信息的操作实践，理解和掌握Hive内置函数的语法和操作；任务二通过制定范围、员工信息查询、入职日期查询等实践，理解自定义函数的不同类别，掌握自定义函数的操作。

项目六主要训练数据存储与压缩能力，共有 3 个任务，任务一通过数据压缩实践，理解和掌握 MR 的压缩设置、Map 和 Reduce 阶段的压缩；任务二通过不同文件存储格式实践，理解和掌握列式和行式存储、TextFile 格式、ORC 格式、Parquet 格式存储；任务三通过存储和压缩结合实践，理解和掌握 ORC、Parquet 存储方式的压缩。

项目七主要训练数据优化能力，共有 2 个任务，任务一通过表的优化实践，理解小表 Join 大表、大表 Join 大表、MapJoin（MR 引擎）、Group By 等问题，掌握空 Key 过滤、空 Key 转换、MapJoin 优化等优化；任务二通过 MR 引擎调优实践，理解和掌握复杂文件、小文件合并、设置 Reduce、动态分区等优化。

项目八主要搭建综合实战项目——智慧电商数据分析平台，通过项目准备、项目实现、数据展示，使用一个完整项目，将本教材知识融会贯通，培养企业实际项目问题解决能力，培养 Hive 数据仓库分层、数据转换、数据分析、Tableau 数据可视化展示能力。

本书特点是学校教师与企业专家共同编写，应用项目式、理实一体化教学、思政教学，引入企业真实项目，并包含丰富的学习资源。

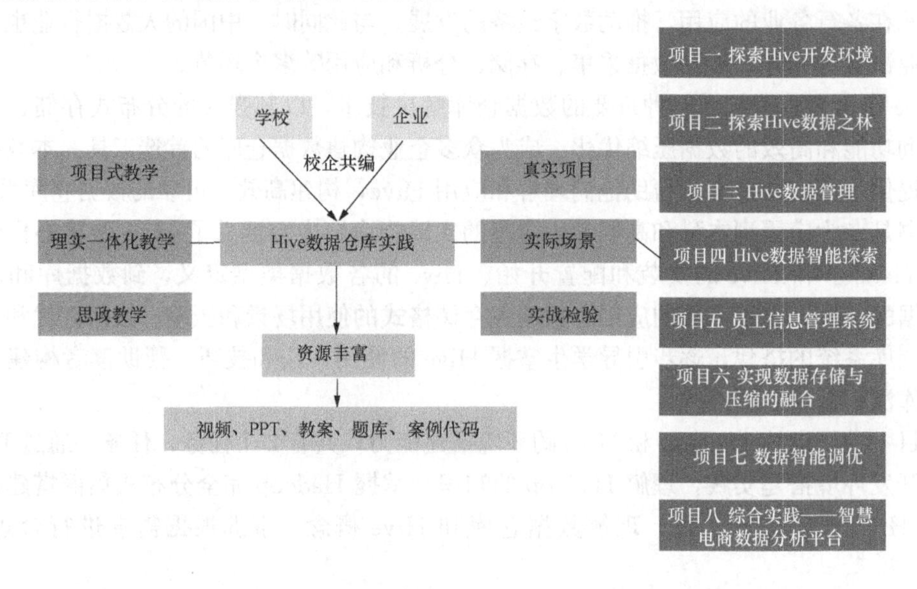

（1）**校企共同编写**，本教材由学校教师与华为技术有限公司、慧科教育科技集团有限公司共同编写，项目平台及案例由华为技术有限公司、慧科教育科技集团有限公司提供。

（2）**“三实教学”**，通过实际场景、实践项目、实战检验，将真实的企业工作模式、操作环境搬入教材，通过实践项目来对知识点进行巩固和加强，将零碎的知识揉合在一起，让学生对知识有一个整体性的认识，最后进行实战检验。

（3）**项目化教学**，通过项目描述、任务说明、知识引入、任务实现、练习测验等环节设置项目式教学，充分发掘学生的自身潜能，培养和提高学生的实践动手、分析问题、解决问题及综合能力，提升学生对知识的理解与深化。

（4）**理实一体化教学**，按“任务分析—理论讲解—操作演示—技能训练”进程实施理实一体化教学，教学过程融“教学做”于一体，使学生很快地从理性上升到感性，实现知识技能的贯通，提高了教学效率。

（5）**思政教学**，教材通过拓展知识，举例中国企业华为扩展 Hive 数据仓库技术自主开发的软件开发工具、组件和行业应用等，增强民族自豪感，培养爱国主义精神、精益求精和创新的工匠精神、艰苦奋斗的钻研精神等。

（6）**教学资源丰富**，教材提供丰富的微课视频、PPT 课件、教案、题库、项目案例数据和代码。

本书由冯明卿、袁帅、王晓燕担任主编，李俊艳、简艳英、赵波、段锐、王宁博担任副主编，卢珊、唐佐侠、刘涵青、侯思悦、刘洋啸、王楠、李亚栋、董亮参与编写。

本书由易焱华、李祺担任主审，他们提出了许多建设性的意见和建议。在本书的编写中，郑州电力高等专科学校的其他同仁给予了热情的支持，提出了许多宝贵的建议。同时本书还参考、引用了国内外很多专家、同行出版的图书和相关资料，在此一并表示衷心的感谢。

由于作者水平有限，加之技术发展迅速，新概念、新应用层出不穷，书中难免存在疏漏和不妥之处，如有问题可联系邮箱 510582939@qq. com，欢迎广大同行专家、读者不吝批评指正。

编　者

2023 年 12 月

CONTENTS

目录

PART 1

项目一 探索 Hive 开发环境

学习目标

- 了解 Hadoop 生态圈基本概述，理解 Hive 的作用，以及与 MySQL 的区别。
- 了解 Hive 数仓概念，掌握基本开发环境搭建，能够根据需求进行合理部署。
- 掌握 Hive 部署方法，能够根据需求进行合理部署。
- 掌握 Hive 集群各参数含义，能够根据需求对集群参数进行修改。

项目描述

在大数据时代，数据呈爆炸性增长，传统数据库已经无法满足目前数据的存储需求，数据仓库技术的出现解决了一大部分数据的存储问题，本项目采用 Hive 作为海量数据存储及查询引擎，Hive 是一个基于 Hadoop 的开源数据仓库工具，最初由 Facebook 推出，旨在解决海量结构化日志的数据统计问题。现在 Hive 已交给 Apache 维护。Hive 将结构化数据映射为表格形式，并且提供了类 SQL 的查询功能。底层实现是将 HQL 转换为 Mapreduce 程序。虽然数据库可以用于在线应用中，但是 Hive 更适合作为数据仓库工具使用。

本项目将对 Hadoop 集群及 Hive 环境进行搭建部署，涉及 Hadoop 完全分布式部署，Hive 概念讲解及部署，增加进阶内容，替换默认计算引擎为 Tez 引擎，以达到优化查询效率的目的。

任务一 Hadoop 认知及虚拟开发环境部署

一、 任务说明

了解 Hadoop 基础概念，并在此基础上掌握 Hadoop 架构原理及应用场景；在掌握理论的基础上，对 Hive 前置环境进行搭建部署。首先安装虚拟机，本任务采用 CentOS7，安装成功后，对网络环境进行配置，包括本地 Windows 网络配置、VMWare 虚拟网络编辑器配置及进入虚拟机对 IP 进行配置，部署 Hadoop 完全分布式集群。本任务的具体要求如下：

（1）安装 VMWare。

（2）使用 CentOS7 镜像创建虚拟机。

（3）配置网络环境及 IP。

（4）部署 Hadoop 完全分布式集群。

二、知识引入

（一）Hadoop基本概念

（1）Hadoop是一个由Apache基金会所开发的分布式系统基础架构。

（2）主要解决海量数据的存储和海量数据的分析计算问题。

（3）从广义上来说，Hadoop通常是指一个更广泛的概念——Hadoop生态圈，如图1-1所示。

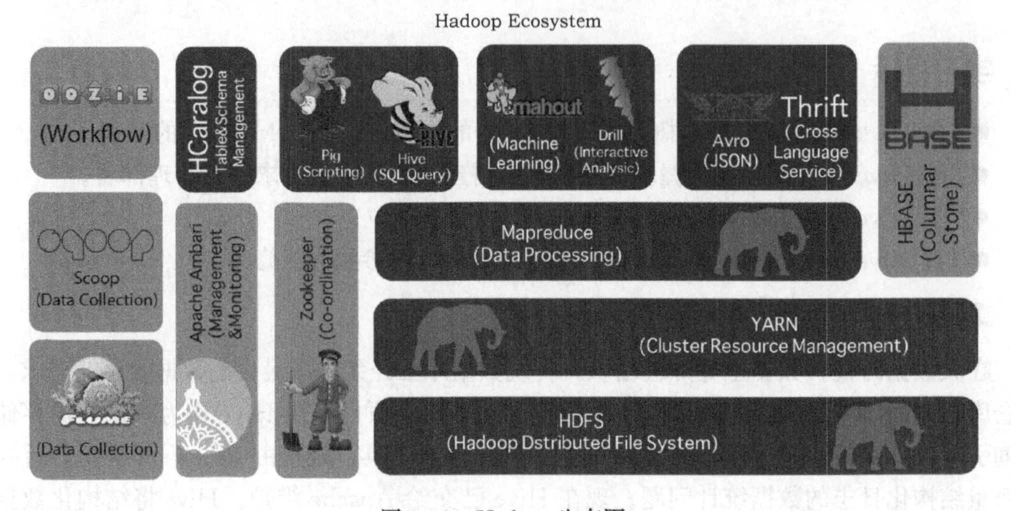

图1-1 Hadoop生态圈

（二）Hadoop优势

（1）高可靠性。Hadoop底层维护多个数据副本，所以即使Hadoop某个计算元素或存储出现故障，也不会导致数据的丢失。

（2）高扩展性。在集群间分配任务数据，可方便地扩展数以千计的节点。

（3）高效性。在MapReduce的思想下，Hadoop是并行工作的，以加快任务处理速度。

（4）高容错性。能够自动将失败的任务重新进行分配。

（三）Hadoop架构

在Hadoop1.x时代Hadoop中的MapReduce同时处理业务逻辑运算和资源的调度，耦合性较大，在Hadoop2.x时代，增加了Yarn，Yarn只负责资源的调度，MapReduce只负责运算。在Hadoop3.x时代中，在Hadoop2的基础上更着重于性能优化，精简内核，类路径隔离、Shell脚本重构，增加EC纠删码，支持多备用名称节点（NameNode），支持任务本地化优化、内存参数自动推断，如图1-2所示。

1. HDFS架构描述

HDFS架构是主从架构，主要成员有NameNode、DataNode、Secondary NameNode，如图1-3所示。

（1）NameNode（nn）。存储文件的元数据，如文件名、文件目录结构、文件属性（生成时间、副本数、文件权限），以及每个文件的块列表和块所在的DataNode等。

（2）DataNode（dn）。在本地文件系统存储文件块数据及块数据的校验。

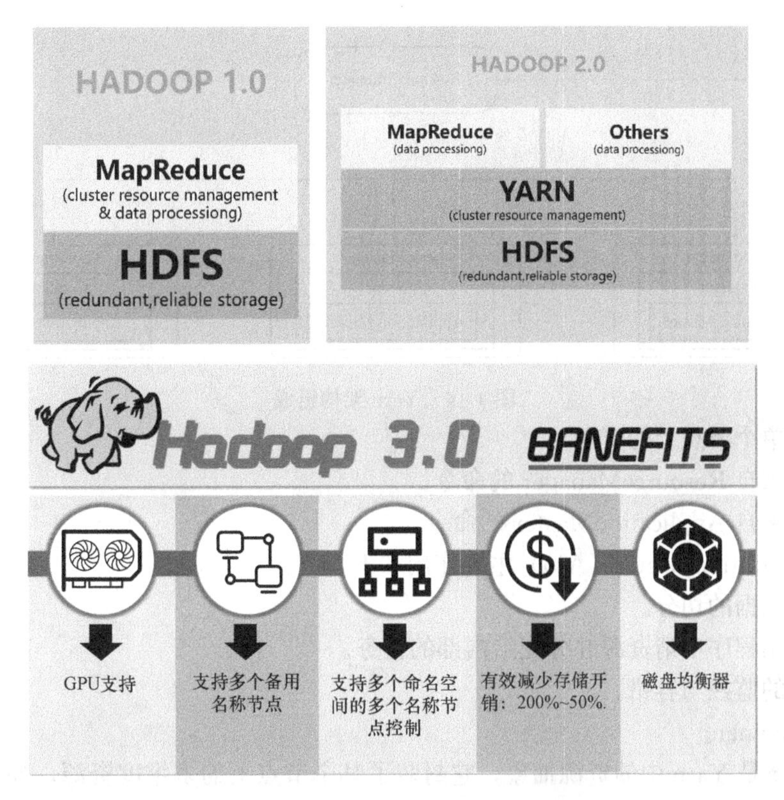

图 1-2　Hadoop1.0、2.0 与 3.0 的组成结构

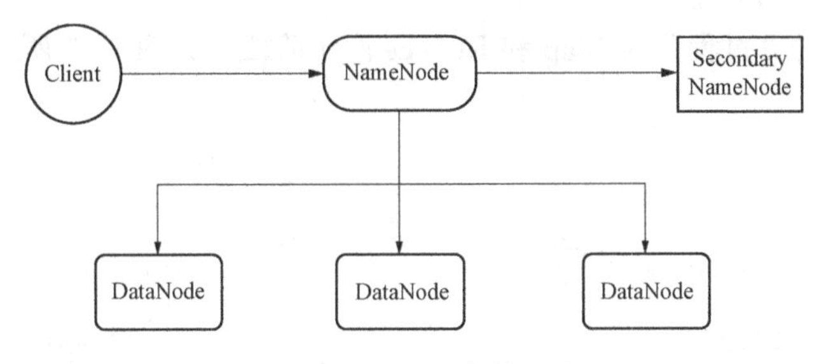

图 1-3　HDFS 架构组成

（3）Secondary NameNode（2nn）。每隔一段时间对 NameNode 元数据备份。

2. Yarn 架构描述

Yarn 架构同样是主从架构，主要成员有 ResourceManager、NodeManager、ApplicationMaster、Container，如图 1-4 所示。

（1）ResourceManager（RM）主要作用如下：

1）处理客户端请求。

2）监控 NodeManager。

3）启动或监控 ApplicationMaster。

4）资源的分配与调度。

（2）NodeManager（NM）主要作用如下：

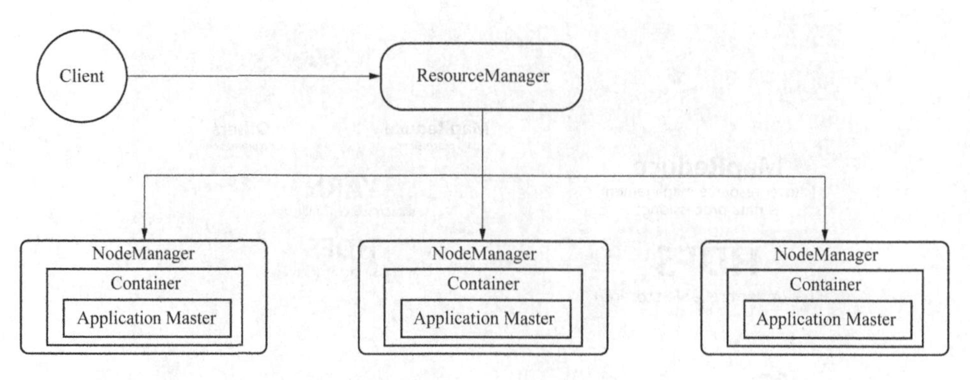

图 1-4　Yarn 架构组成

1）管理单个节点上的资源。

2）处理来自 ResourceManager 的命令。

3）处理来自 ApplicationMaster 的命令。

（3）ApplicationMaster（AM）主要作用如下：

1）负责数据的切分。

2）为应用程序申请资源并分配给内部的任务。

3）任务的监控与容错。

（4）Container。

Container 是 Yarn 中的资源抽象，它封装了某个节点上的多维度资源，如内存、CPU、磁盘、网络等。

3. MapReduce 架构概述

MapReduce 将计算过程分为 Map 和 Reduce 两个阶段，如图 1-5 所示。

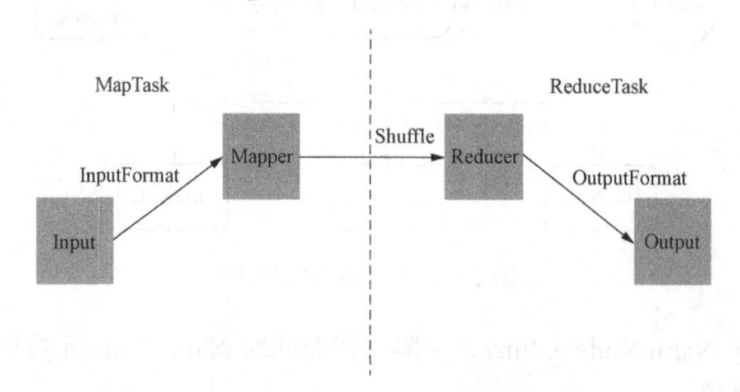

图 1-5　MapReduce 架构组成

（1）Map 阶段并行处理输入数据。

（2）Reduce 阶段对 Map 结果进行汇总。

三、 任务实现

（一） VMWare 安装

Hive 作为大数据集群组件之一，其运行依赖于 Hadoop 集群，故在此之前，需要对 Hive 前置环境进行部署，完成集群搭建。首先进行 VMWare 安装，安装流程如下。

(1) 进入 VMWare 官网，根据本地计算机操作系统进行相应版本的下载，如图 1-6 所示。

图 1-6 VMWare 版本产品图

(2) 选择相应版本下载后，进行安装，这里我们以 Windows 操作系统为例，VMWare 版本采用 17.0.0。双击安装包，出现以下界面后单击“下一步”按钮，如图 1-7 所示。

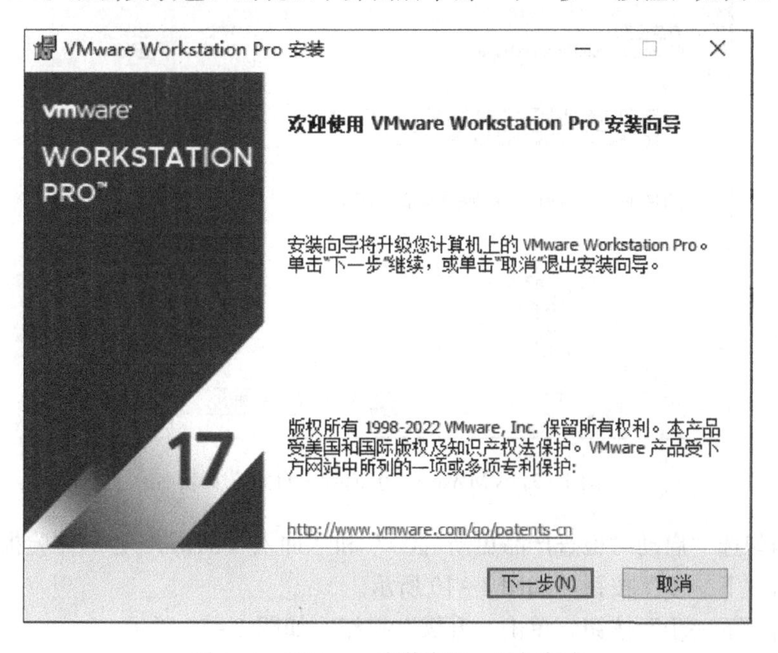

图 1-7 VMware 安装向导—选择版本

（3）勾选“我接受许可协议中的条款”复选框，单击“下一步”按钮，如图 1-8 所示。

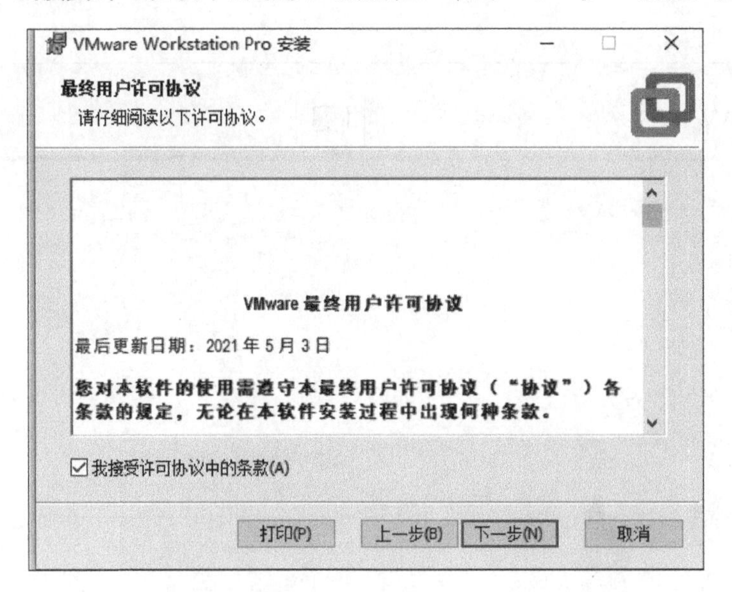

图 1-8　VMWare 安装向导—许可协议

（4）安装位置可根据计算机磁盘情况自由选择，注意需勾选“将 VMware Workstation 控制台工具添加到系统 PATH”复选框，单击“下一步”按钮，如图 1-9 所示。

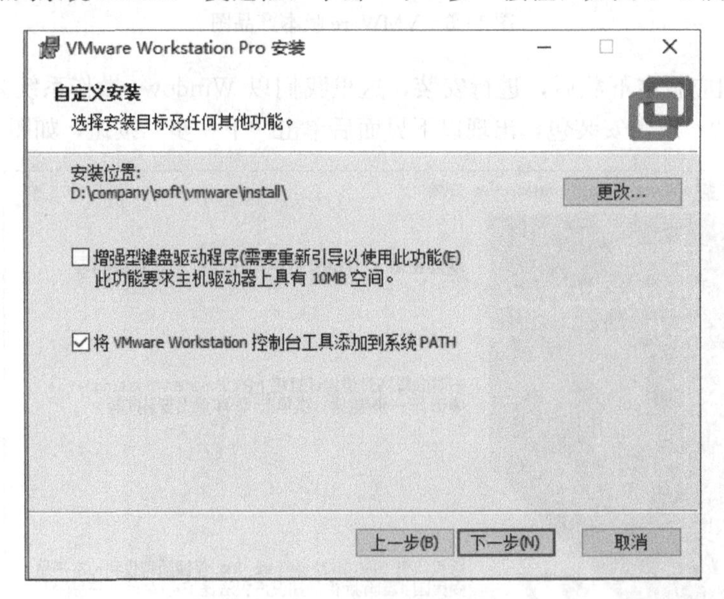

图 1-9　VMWare 安装向导—自定义安装

（5）取消勾选“启动时检查产品更新（C）”和“加入 VMware 客户体验提升计划（J）”复选框，单击“下一步”按钮，如图 1-10 所示。

（6）单击“下一步”按钮，单击“升级”按钮，如图 1-11 所示。

（7）安装完成后，单击“许可证”，输入对应许可证密钥，单击“输入”按钮，单击“完成”按钮退出，如图 1-12 所示。

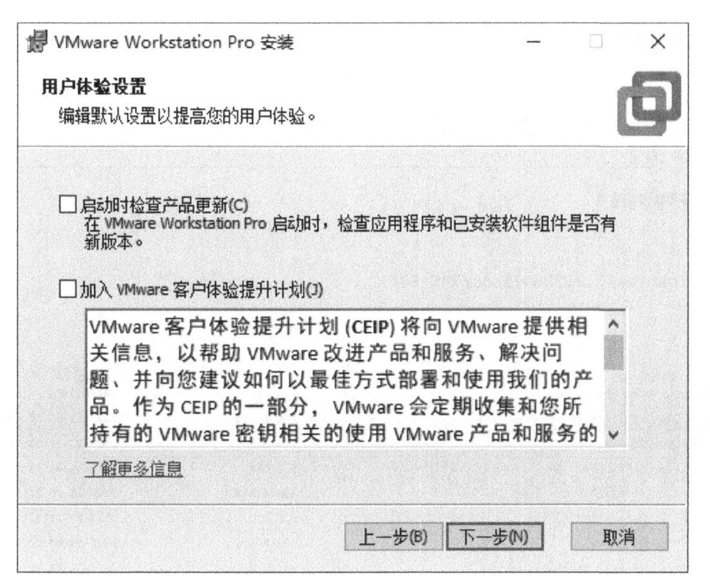

图 1 - 10　VMWare 安装向导—用户体验设置

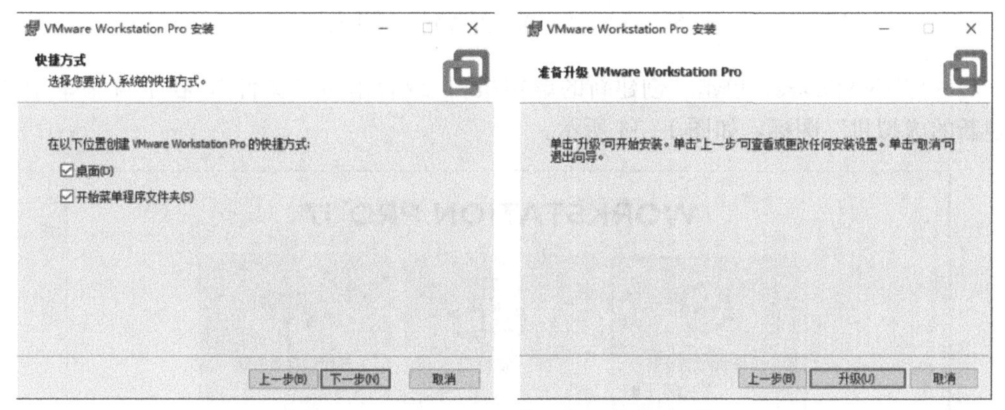

图 1 - 11　VMWare 安装向导—安装及升级

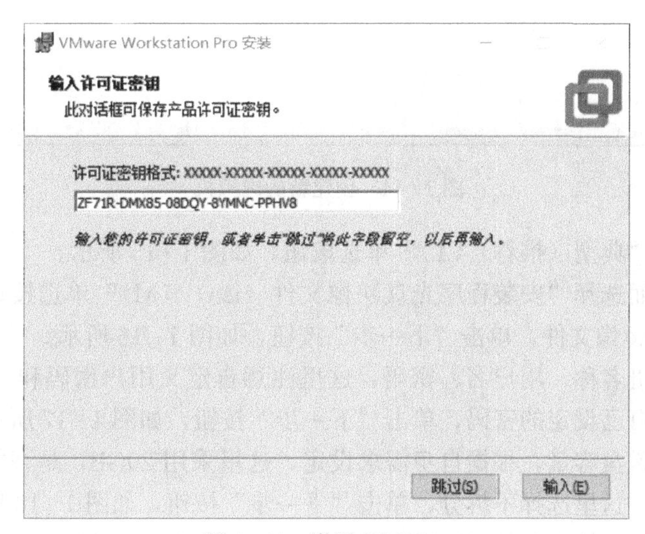

图 1 - 12　激活 VMWare

（二）创建虚拟机

（1）使用 VMWare 创建一个以 CentOS7 版本镜像的虚拟机。这里选择去清华大学开源软件镜像站下载，选择“CentOS-7-x86_64-DVD-2207-02.iso”镜像，如图 1-13 所示。

清华大学开源软件镜像站　HOME　EVENTS　BLOG　RSS　PODCAST　MIRRORS

Index of /centos/7.9.2009/isos/x86_64/

Last Update: 2023-05-19 05:30

File Name ↓	File Size ↓	Date ↓
Parent directory/	-	-
0_README.txt	2.7 KiB	2022-08-05 02:03
CentOS-7-x86_64-DVD-2009.iso	4.4 GiB	2020-11-04 19:37
CentOS-7-x86_64-DVD-2009.torrent	176.1 KiB	2020-11-06 22:44
CentOS-7-x86_64-DVD-2207-02.iso	4.4 GiB	2022-07-26 23:10
CentOS-7-x86_64-Everything-2009.iso	9.5 GiB	2020-11-02 23:18
CentOS-7-x86_64-Everything-2009.torrent	380.6 KiB	2020-11-06 22:44
CentOS-7-x86_64-Everything-2207-02.iso	9.6 GiB	2022-07-27 02:09
CentOS-7-x86_64-Minimal-2009.iso	973.0 MiB	2020-11-03 22:55
CentOS-7-x86_64-Minimal-2009.torrent	38.6 KiB	2020-11-06 22:44
CentOS-7-x86_64-Minimal-2207-02.iso	988.0 MiB	2022-07-26 23:10

图 1-13　清华大学开源软件镜像站

（2）打开 VMWare，单击“创建新的虚拟机”；或者单击“文件”，在下拉菜单中选择“创建新的虚拟机”图标，如图 1-14 所示。

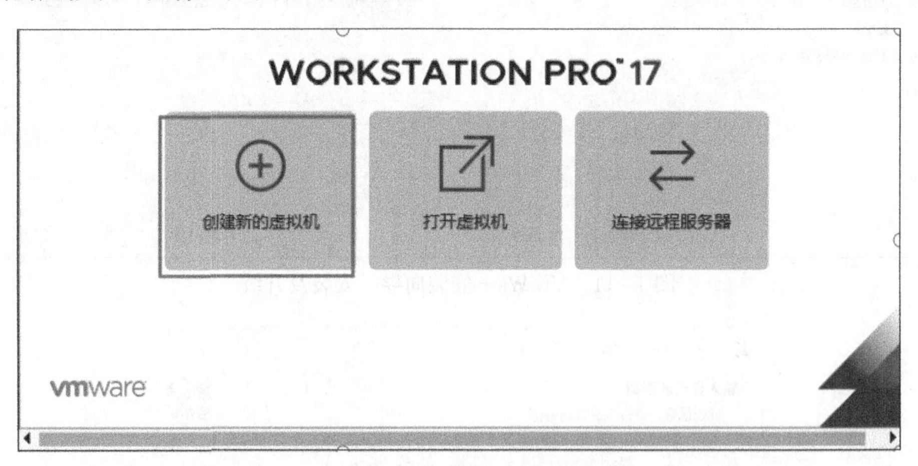

图 1-14　创建新的虚拟机

（3）单击选择“典型（推荐）(T)”单选按钮，如图 1-15 所示。

（4）在跳转页面选择“安装程序光盘映像文件（iso）(M)”单选按钮，镜像源选择步骤（1）下载的 iso 镜像文件，单击“下一步”按钮，如图 1-16 所示。

（5）设置虚拟机名称、用户名、密码，这里注意自定义用户密码和 root 用户共用一个密码，一定要记住自己设定的密码，单击“下一步”按钮，如图 1-17 所示。

（6）设定最大磁盘容量，根据自身需求设定，这里采用 20GB，是否将磁盘进行分区根据自身需求来拆分，这里选择不拆分，单击“下一步”按钮，如图 1-18 所示。

（7）单击“自定义硬件”，选择“内存”，将内存设置为 2048MB，如图 1-19 所示，单击“关闭”按钮，回到图 1-20 所示的界面，单击“完成”按钮退出。

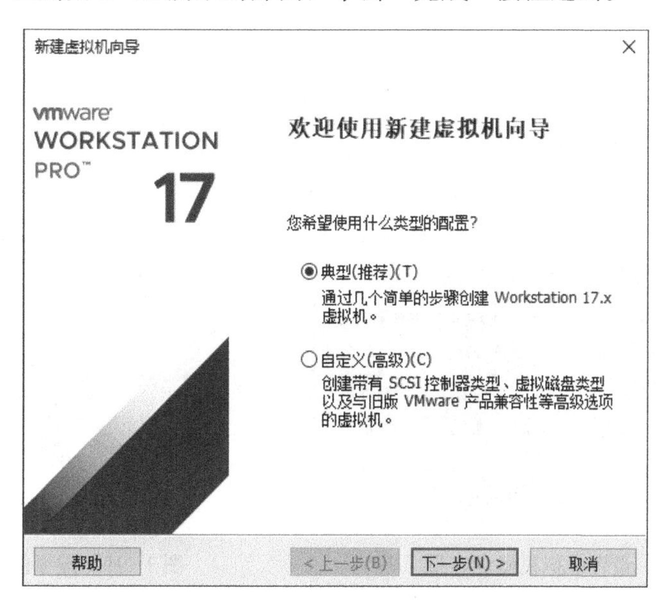

图 1-15　虚拟机创建方式

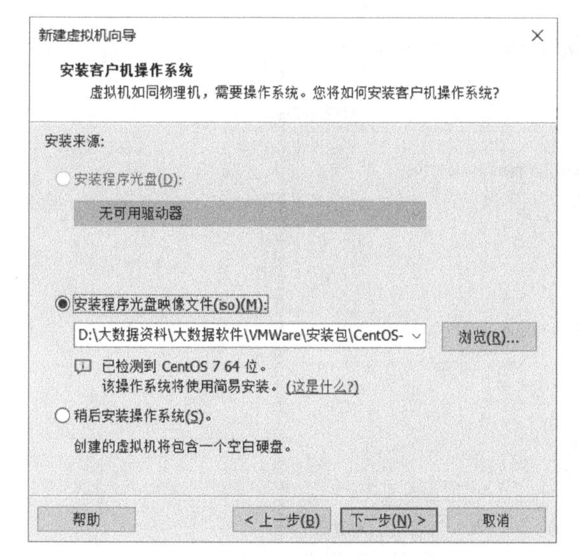

图 1-16　选择虚拟机镜像源

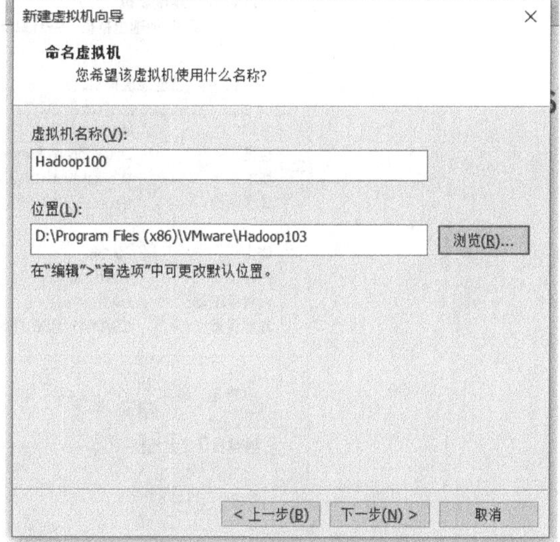

图 1-17　选择虚拟机位置

（三）网络配置

完成虚拟机创建后，需要将网络及 IP 进行统一配置，包括 windows 及虚拟机内部的网络，部署步骤如下。

（1）单击 VMware Workstation 菜单栏的“编辑”，打开“虚拟网络编辑器”，单击“VMnet8”，将其子网 IP 修改为“192.168.1.100”，选择“NAT 模式”，修改网关为“192.168.1.2”。注意，若无法修改，先单击右下角“更改设置”，如图 1-21 所示。

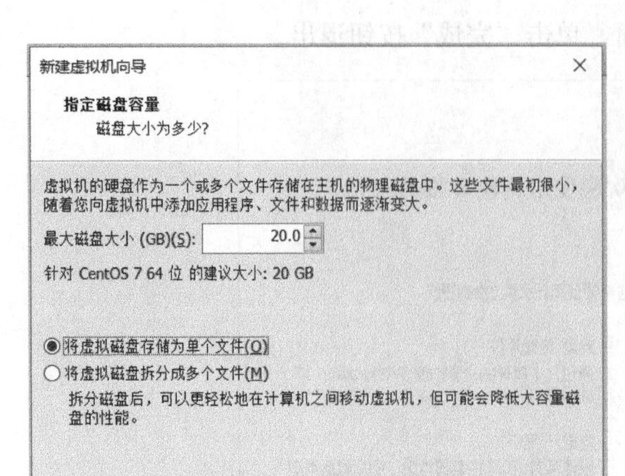

图 1-18　设置虚拟机磁盘容量

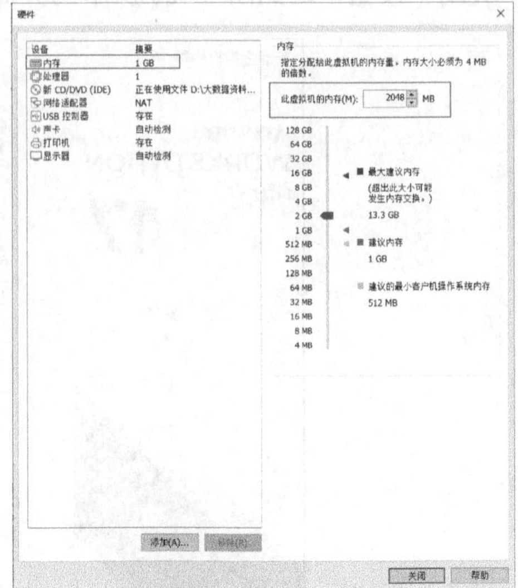

图 1-19　虚拟机硬件设置

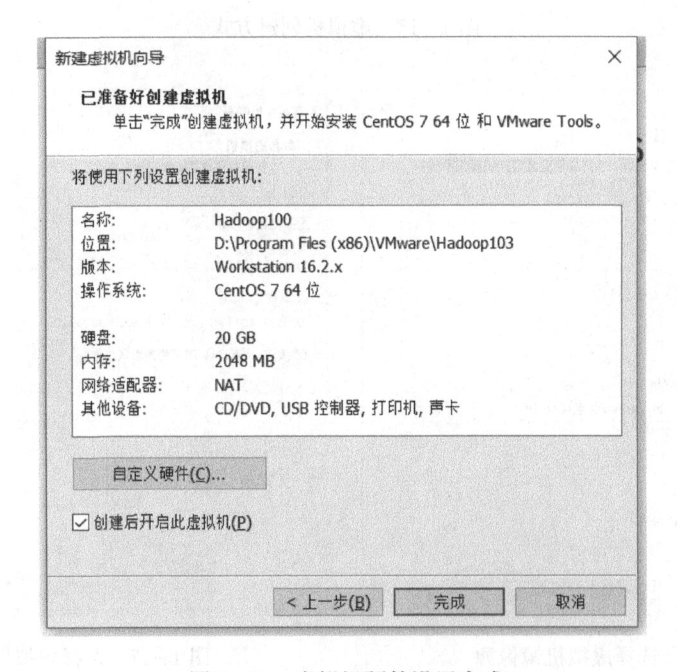

图 1-20　虚拟机硬件设置完成

（2）打开 Windows 本地网络，找到“以太网”，单击“更改适配器选项”，找到“VM-net8”，右键单击其属性，找到 IPv4，单击修改 IP，注意网段、网关都与（1）保持一致，IP 不冲突即可，如图 1-22 所示。

（3）进入虚拟机，选择“root”用户，修改复制虚拟机的静态 IP（按照自己机器的网络设置进行修改）。

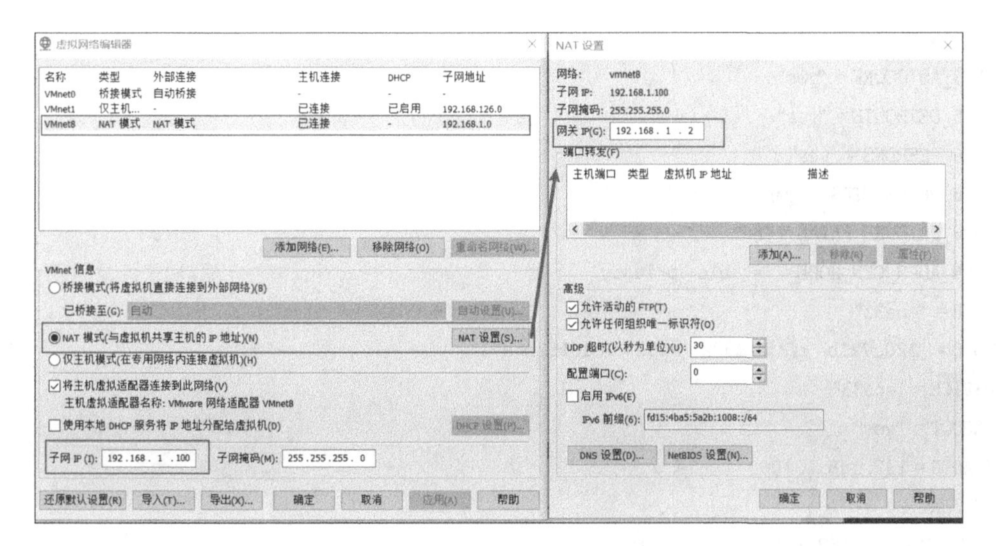

图 1-21　虚拟网络编辑器配置

Internet 协议版本 4 (TCP/IPv4) 属性

常规

如果网络支持此功能，则可以获取自动指派的 IP 设置。否则，你需要从网络系统管理员处获得适当的 IP 设置。

○自动获得 IP 地址(O)

◉使用下面的 IP 地址(S):

IP 地址(I): 192 . 168 . 1 . 5

子网掩码(U): 255 . 255 . 255 . 0

默认网关(D): 192 . 168 . 1 . 2

○自动获得 DNS 服务器地址(B)

◉使用下面的 DNS 服务器地址(E):

首选 DNS 服务器(P): 192 . 168 . 1 . 2

备用 DNS 服务器(A): 114 . 114 . 114 . 114

☐退出时验证设置(L)　　高级(V)...

确定　取消

图 1-22　Windows VMnet8 网络配置

```
vim /etc/sysconfig/network-scrIPts/ifcfg-ens33
```

改为

```
TYPE = "Ethernet"
BOOTPROTO = "static"
DEFROUTE = "yes"
PEERDNS = "yes"
PEERROUTES = "yes"
IPV4_FAILURE_FATAL = "no"
```

```
IPV6INIT = "yes"
IPV6_AUTOCONF = "yes"
IPV6_DEFROUTE = "yes"
IPV6_PEERDNS = "yes"
IPV6_PEERROUTES = "yes"
IPV6_FAILURE_FATAL = "no"
IPV6_ADDR_GEN_MODE = "stable-privacy"
NAME = "ens33"
UUID = "320c721b-cf45-432a-a48e-0e4f152b6a41"
DEVICE = "ens33"
ONBOOT = "yes"
IPADDR = 192.168.1.100
PREFIX = 24
GATEWAY = 192.168.1.2
DNS1 = 192.168.1.2
```

修改完毕，需重启网络。

```
service network restart
```

（4）修改 hostname 文件，修改主机名。

```
vi/etc/hostname
```

改为

```
hadoop100
```

修改 hosts 文件，配置主机映射。

```
vi/etc/hosts
```

添加如下内容：

```
192.168.1.100 hadoop100
192.168.1.101 hadoop101
192.168.1.102 hadoop102
```

注意，修改完主机名，需重启虚拟机，使主机名生效变更。

（5）安装远程连接工具，这里采用 MobaXterm，对虚拟机进行远程连接，如图 1-23 所示。

（6）修改 Windows10 的主机映射文件（hosts 文件）。

1）进入 C：\ Windows \ System32 \ drivers \ etc 路径。

2）复制 hosts 文件到桌面。

3）打开桌面 hosts 文件并添加如下内容：

```
192.168.1.100 hadoop100
192.168.1.101 hadoop101
192.168.1.102 hadoop102
```

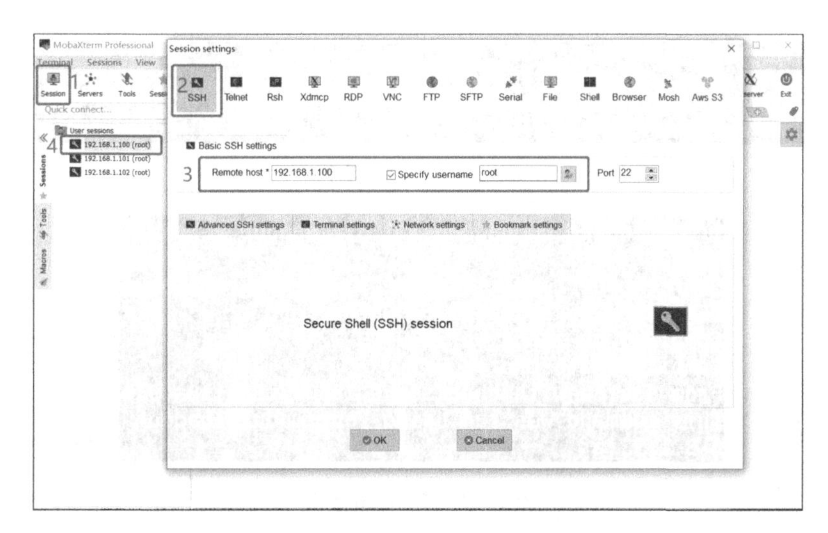

图 1-23 MobaXterm 远程连接

4）将桌面 hosts 文件覆盖 C:\Windows\System32\drivers\etc 路径 hosts 文件。

（四） Hadoop 完全分布式集群

Hive 运行依赖于 Hadoop 集群环境，故需要提前部署集群，这里采用完全分布式部署。

1. 安装 JDK、Hadoop

（1）将 JDK 安装包上传到 Linux/opt/software 目录下。

（2）解压 JDK 到/opt/module 目录下。

```
tar -zxvf jdk-8u212-linux-x64.tar.gz -C/opt/module/
```

（3）配置 JDK 和 Hadoop 环境变量。

直接将环境变量配置到/etc/profile 文件中，在/etc/profile 文件的末尾追加如下内容：

```
JAVA_HOME=/opt/module/jdk1.8.0_212
HADOOP_HOME=/opt/module/hadoop-3.1.3
PATH=$PATH:$JAVA_HOME/bin:$HADOOP_HOME/bin:$HADOOP_HOME/sbin
export PATH JAVA_HOME HADOOP_HOME
```

（4）保存后退出。

```
:wq
```

（5）让修改后的文件生效。

```
source/etc/profile
```

（6）测试是否安装成功。

```
java -version
```

出现匹配版本号，即安装成功（注意部分需先卸载自带的 jdk），见图 1-24。

```
hadoop version
```

出现匹配版本号，即安装成功，见图 1-25。

```
[root@hadoop100 hadoop-3.1.3]# java -version
java version "1.8.0_212"
Java(TM) SE Runtime Environment (build 1.8.0_212-b10)
Java HotSpot(TM) 64-Bit Server VM (build 25.212-b10, mixed mode)
```

图 1-24　JDK 版本

```
[root@hadoop100 hadoop-3.1.3]# hadoop version
Hadoop 3.1.3
Source code repository https://gitbox.apache.o
06728f8ec2f54ab1e289526c90579
Compiled by ztang on 2019-09-12T02:47Z
Compiled with protoc 2.5.0
From source with checksum ec785077c385118ac91a
This command was run using /opt/module/hadoop-
n-3.1.3.jar
```

图 1-25　Hadoop 版本

2. 集群规划

注意：NameNode 和 SecondaryNameNode 不要安装在同一台服务器。

ResourceManager 也很消耗内存，不要和 SecondaryNameNode、NameNode 配置在同一台机器上，见表 1-1。

表 1-1　集群规划设计

服务	节点		
	hadoop100	hadoop101	hadoop102
HDFS	NameNode DataNode	DataNode	SecondaryNameNode DataNode
YARN	NodeManager	ResourceManager NodeManager	NodeManager

（1）配置：hadoop-env.sh（在/opt/module/hadoop-3.1.3/etc/hadoop 目录下）。

Linux 系统中获取 JDK 的安装路径：

```
echo $JAVA_HOME
```

在 hadoop-env.sh 文件中修改 JAVA_HOME 路径：

```
export JAVA_HOME=/opt/module/jdk1.8.0_212
```

（2）配置：core-site.xml。

```
cd/opt/module/hadoop-3.1.3/etc/hadoop
vim core-site.xml
```

文件内容如下：

```
<?xml version="1.0"encoding="UTF-8"?>
<?xml-stylesheet type="text/xsl" href="configuration.xsl"?>

<configuration>
    <property>
        <name>fs.defaultFS</name>
```

```
        <value>hdfs://hadoop100:9820</value>
    </property>
    <property>
        <name>hadoop.data.dir</name>
        <value>/opt/module/hadoop-3.1.3/data</value>
    </property>
</configuration>
```

（3）配置 hdfs-site.xml。

```
vim hdfs-site.xml
```

文件内容如下：

```
<?xml version="1.0" encoding="UTF-8"?>
<?xml-stylesheet type="text/xsl" href="configuration.xsl"?>

<configuration>
    <property>
        <name>yarn.nodemanager.aux-services</name>
        <value>mapreduce_shuffle</value>
    </property>
    <property>
        <name>yarn.resourcemanager.hostname</name>
        <value>hadoop101</value>
    </property>
    <property>
        <name>yarn.nodemanager.env-whitelist</name>
<value>JAVA_HOME,HADOOP_COMMON_HOME,HADOOP_HDFS_HOME,HADOOP_CONF_DIR,CLASSPATH_PREPEND_DISTCACHE,HADOOP_YARN_HOME,HADOOP_MAPRED_HOME</value>
    </property>
</configuration>
```

（4）YARN 配置文件。

配置 yarn-site.xml。

```
vim yarn-site.xml
```

文件内容如下：

```
<?xml version="1.0" encoding="UTF-8"?>
<?xml-stylesheet type="text/xsl" href="configuration.xsl"?>

<configuration>
    <property>
        <name>yarn.nodemanager.aux-services</name>
        <value>mapreduce_shuffle</value>
    </property>
```

```
    <property>
        <name>yarn.resourcemanager.hostname</name>
        <value>hadoop101</value>
    </property>
    <property>
        <name>yarn.nodemanager.env-whitelist</name>

<value>JAVA_HOME,HADOOP_COMMON_HOME,HADOOP_HDFS_HOME,HADOOP_CONF_DIR,CLASSPATH_PREPEND_DISTCACHE,HADOOP_YARN_HOME,HADOOP_MAPRED_HOME</value>
    </property>
</configuration>
```

（5）MapReduce 配置文件。

配置 mapred-site.xml。

```
vim mapred-site.xml
```

文件内容如下：

```
<?xml version="1.0" encoding="UTF-8"?>
<?xml-stylesheet type="text/xsl" href="configuration.xsl"?>

<configuration>
  <property>
    <name>mapreduce.framework.name</name>
    <value>yarn</value>
  </property>
</configuration>
```

（6）在集群上分发配置好的 Hadoop。

```
scp -r /opt/module/hadoop-3.1.3/etc/hadoop root@hadoop101:/opt/module/hadoop-3.1.3/etc/

scp -r /opt/module/hadoop-3.1.3etc/hadoop root@hadoop102:/opt/module/hadoop-3.1.3/etc/
```

（7）格式化集群。

```
hdfs namenode -format
```

（8）ssh 无密登录。

1）生成公钥和私钥。

执行下列代码，执行后需按三次 Enter 键，直至密钥生成。

```
ssh-keygen -t rsa
```

2）将公钥复制到要免密登录的目标机器上。

```
ssh-copy-id hadoop100
ssh-copy-id hadoop101
ssh-copy-id hadoop102
```

3）在三个节点分别依次执行步骤 1）和 2）。

（9）集群启动。

1）配置 workers。

```
vim /opt /module/hadoop-3.1.3/etc/hadoop/workers
```

在该文件中增加如下内容：

```
hadoop100
hadoop101
hadoop102
```

注意：该文件中添加的内容结尾不允许有空格，文件中不允许有空行。

同步所有节点配置文件。

```
scp /opt /module/hadoop-3.1.3/etc/hadoop/workers root@hadoop101:/opt/module/hadoop-3.1.3/
etc/hadoop/

scp /opt /module/hadoop-3.1.3/etc/hadoop/workers root@hadoop100:/opt/module/hadoop-3.1.3/
etc/hadoop/
```

2）集群启停。

（a）修改配置文件。

进入主节点 sbin 启动脚本路径，修改 hdfs 和 yarn 启动配置文件。

```
cd /opt/module/hadoop-3.1.3/sbin
```

在 start-dfs.sh、stop-dfs.sh 两个文件顶部添加以下参数：

```
HDFS_DATANODE_USER=root
HADOOP_SECURE_DN_USER=hdfs
HDFS_NAMENODE_USER=root
HDFS_SECONDARYNAMENODE_USER=root
```

在 start-yarn.sh、stop-yarn.sh 两个文件顶部添加以下参数：

```
scp-r sbin/root@hadoop101:/opt/module/hadoop-3.1.3/
```

将修改的内容同步到另外两个节点。

```
scp-r sbin/ root@hadoop100:/opt/module/hadoop-3.1.3/
```

（b）启动集群。

在主节点 hadoop100 上启动 hdfs。

```
start-dfs.sh
```

在配置了 ResourceManager 的节点（hadoop101）启动 yarn。

```
start-yarn.sh
```

（c）关闭集群。

在主节点 hadoop100 上关闭 hdfs。

```
stop-dfs.sh
```

在配置了 ResourceManager 的节点（hadoop101）关闭 Yarn。

```
stop-yarn.sh
```

大家思考一下，VMWare 的版本是否会对虚拟机的创建产生兼容性的影响呢?

四、拓展知识

随着互联网规模的不断扩大和数据量的快速增长，传统的数据库管理方式已经无法满足大规模应用的需求。为了解决这个问题，华为推出了 MRS（Managed Relational Service），这是一种完全托管的关系型数据库服务，通过将数据库迁移到云端，并提供自动化的运维管理和弹性扩展能力，极大地简化了用户的数据库部署和管理工作。

华为 MRS 是华为云提供的一种全托管的关系型数据库服务。它基于开源数据库引擎，如 MySQL 和 PostgreSQL，在华为自有的强大云平台之上构建而成。

华为 MRS 作为一种全托管的关系型数据库服务，具备强大的性能、高可用性和弹性扩展能力，在应用开发、数据仓库、互联网应用和物联网等领域都有广泛的应用场景。它帮助企业降低数据库管理的复杂性，提高数据处理和存储的效率，为用户的业务创新提供可靠的技术支持。

五、练习测验

（一）单选题

Hadoop 的 HDFS 是一种分布式文件系统，适合以下哪种应用场景的数据存储和管理?（　　）

A. 大量小文件存储　　　　B. 高容量、高吞吐量

C. 低延迟读取　　　　D. 流式数据访问

（二）判断题（请在正确的后面画“√”，错误的后面画“×”）

（1）Hadoop 的 NameNode 用于存储文件系统的元数据。（　　）

（2）Hadoop 默认副本数是 3 个。（　　）

（三）实践题

在自己电脑上完成 Hadoop 完全分布式集群搭建。

任务二　数据仓库 Hive 认知及部署

一、任务说明

了解 Hive 基础概念，在此基础上掌握 Hive 架构原理及应用场景；在掌握理论的基础上，对 Hive 进行搭建部署，首先需要安装 MySQL 替换自带的数据库，其次在其基础上部署 Hive，拓展部分可替换引擎为 Tez。本任务的具体要求如下：

（1）卸载自带的 derby 数据库，安装 MySQL。

（2）安装 Hive。

(3) 计算引擎更改(选做)。

(4) Hive集群启动。

二、知识引入

(一) 数据仓库概述

1. 数据仓库定义

数据仓库(Data Warehouse,DW或DWH)是为企业所有级别的决策制订过程提供所有类型数据支持的战略集合,出于分析性报告和决策支持目的而创建,为需要业务智能的企业提供指导业务流程改进、监视时间、成本、质量及控制方面的管理。

数据仓库是决策支持系统(Decision Support System,DSS)和联机分析应用数据源的结构化数据环境,数据仓库研究和解决从数据库中获取信息的问题,数据仓库的特征在于面向主题、集成性、稳定性和时变性。

数据仓库,由数据仓库之父W. H. Inmon于1990年提出,主要功能是将组织、企业的联机交易处理(On - Line Transaction Processing,OLTP)系统经年累月所累积的大量资料传送到数据仓库系统保存,通过加工、整合后,便于各种分析方法如在线分析处理(On - Line Analytical Processing,OLAP)、数据挖掘(Data Mining)应用。

数据仓库之父W. H. Inmon在1991年出版的*Building the Data Warehouse*一书中所提出的定义被广泛接受——数据仓库(Data Warehouse)是一个面向主题的(Subject Oriented)、集成的(Integrated)、非易失的(Non - Volatile)、随时间变化(Time Variant)的数据集合,用于支持管理决策(Decision Making Support)。数据仓库的概念改变了其中对时间的定义(非时变的),数据仓库的另一个术语是"事实的唯一版本",数据仓库为可信的企业数据奠定了基础,数据仓库所表现的是整个企业的数据,而不是应用程序的数据。

数据仓库除数据库外还需要其他基础设施,如数据抽取、装载、转换、加工、存储等处理技术和作业系统、数据集市、业务系统数据存储(Operational Date Store,ODS),所有这些构成完整的数据仓库系统,形成企业信息工厂。

数据仓库系统与数据库系统的区别见表1-2。

表1-2 数据仓库系统与数据库系统的区别

对比项目	数据库	数据仓库
数据内容	当前数值	历史的、汇总的、归档的、计算的
数据目标	面向业务、重复处理	面向主题,分析、决策支持,数据
数据特性	动态变化,按字段更新,增、删、改、查	以查询为主,不做更新,数据库数据追加、删除
数据结构	高度结构化、复杂、适合操作计算,一般模型复核三范式	简单,适合分析,多维结构较多(反三范式现象存在)
使用频率	高	低
数据访问量	单个事务访问量小	单个事务访问量大,甚至很大
系统响应时间	秒级(最大)	秒、分钟,甚至若干小时

2. 数据仓库架构设计

数据仓库的层级架构如图 1-26 所示。

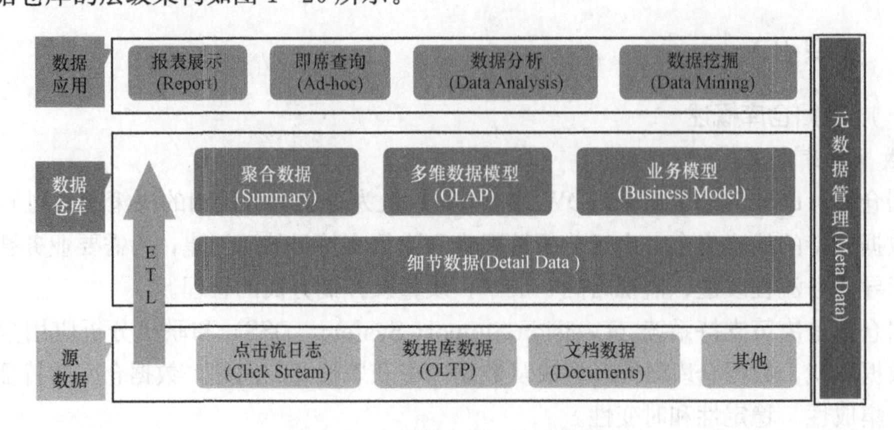

图 1-26 数据仓库的层级架构

一般数据仓库系统都包含如下几部分。

(1) 外部数据源。结构化数据源、半结构化、非结构化数据源；既包括企业的业务系统数据，也可能包括企业的文档、图片、邮件及系统日志等非结构化数据。同时数据源也可能是外部企业数据、关联企业数据。

(2) 数据存储与处理模块（数据仓库主体部分）。获取的数据需要加工后才能应用，系统需提供数据加工的场所及加工后数据保存的场所，不同类型或种类的数据加工处理场所不同。

(3) 数据集市。这是一个可选的模块，偏于应用，简单理解为针对部门、组织的小型数据仓库。

(4) 元数据管理模块。是数据仓库本身知识的“图书馆”，用来解释数据仓库的所有业务、流程、规则、定义、技术等，其主要目的是使数据仓库的设计、部署、操作和管理能达成协同和一致，同时是数据仓库数据质量和仓库应用的基本保障。

(5) 数据分析模块（OLAP）。以前的数据仓库系统大都有 OLAP 服务器进行多维分析，现在大多数数据仓库尤其是大型数据仓库系统虽然在形式上不存在单独的 OLAP 服务器，但数据分析功能依然存在。

(6) 数据挖掘。现在的数据仓库/大数据中心系统都提供数据挖掘算法处理能力，数据挖掘可以基于数据仓库中已经构建起来的业务模型展开，但大多数时候数据挖掘会直接从细节数据上入手，而数据仓库为挖掘工具如 SAS、SPSS 等提供数据接口。

(7) 报表应用。这几乎是每个数据仓库必不可少的一类数据应用，将聚合数据和多维分析数据展示到报表，提供了最为简单和直观的数据。

(8) 即席查询。理论上数据仓库的所有数据（包括细节数据、聚合数据、多维数据和分析数据）都应该开放即席查询，即席查询提供了足够灵活的数据获取方式，用户可以根据自己的需要查询获取数据，并提供导出到 Excel 等外部文件的功能。

总结起来，数据仓库可分为数据获取、处理及存储、数据应用。通常数据仓库划分三大功能层次，可以是物理上的，也可以是逻辑上的，无论大小，数据仓库系统都至少包含这三大部分。通常情况下，为了降低相互间的影响，这三大部分是物理隔离的。

数据仓库系统要正常运转，还需要一个完善的任务调度系统和数据质量管控体系，即数据仓库的运维管控系统。

（二）Hive概述

Hive是由Facebook开源用于解决海量结构化日志的数据统计工具。

Hive是基于Hadoop的一个数据仓库工具，可以将结构化的数据文件映射为一张表，并提供类SQL查询功能。

本质：将HQL（Hive SQL）转化成MapReduce程序。

Hive底层运行流程图如图1-27所示。

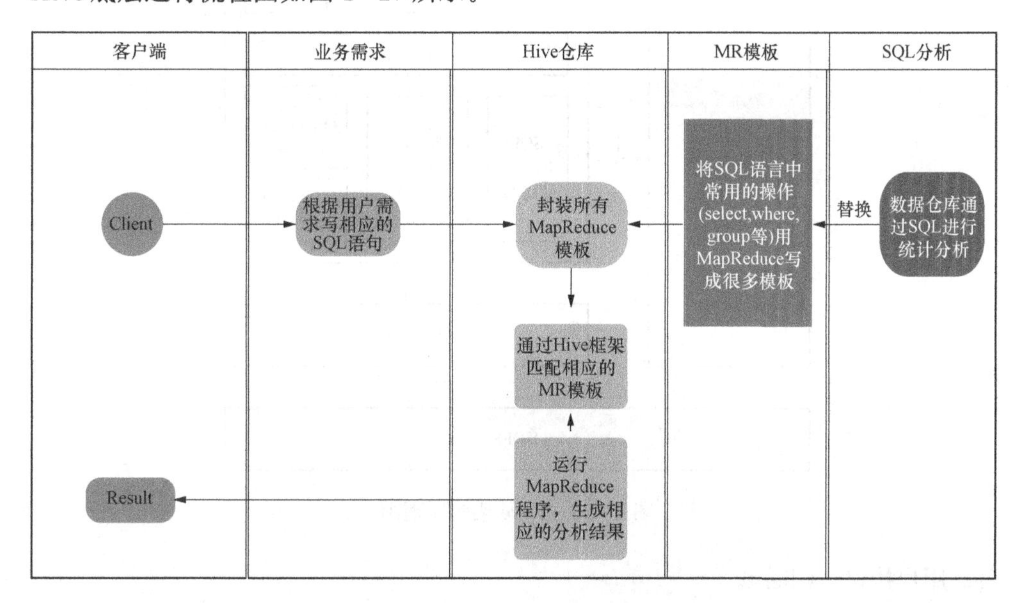

图1-27　Hive底层运行流程图

（1）Hive处理的数据存储在HDFS。

（2）Hive分析数据底层的实现是MapReduce。

（3）执行程序运行在Yarn上。

1. Hive的优缺点

（1）优点。

1）操作接口采用类SQL语法，提供快速开发的能力（简单、容易上手）。

2）避免了去写MapReduce，减少开发人员的学习成本。

3）Hive的执行延迟比较高（只能处理离线数据），因此Hive常用于数据分析，对实时性要求不高的场合。

4）Hive的优势在于处理大数据，对于处理小数据没有优势，因为Hive的执行延迟比较高。

5）Hive支持用户自定义函数，用户可以根据自己的需求来实现自己的函数。

（2）缺点。

1）Hive的HQL表达能力有限；迭代式算法无法表达；数据挖掘方面不擅长，由于MapReduce数据处理流程的限制，效率更高的算法无法实现。

2）Hive的效率比较低，通常情况下，Hive自动生成的MapReduce作业不够智能，Hive调优比较困难，粒度较粗。

2. Hive的架构原理

Hive架构主要包含元数据MetaStore、用户调用接口、底层存储HDFS、计算框架MapReduce及驱动器Driver，如图1-28所示。

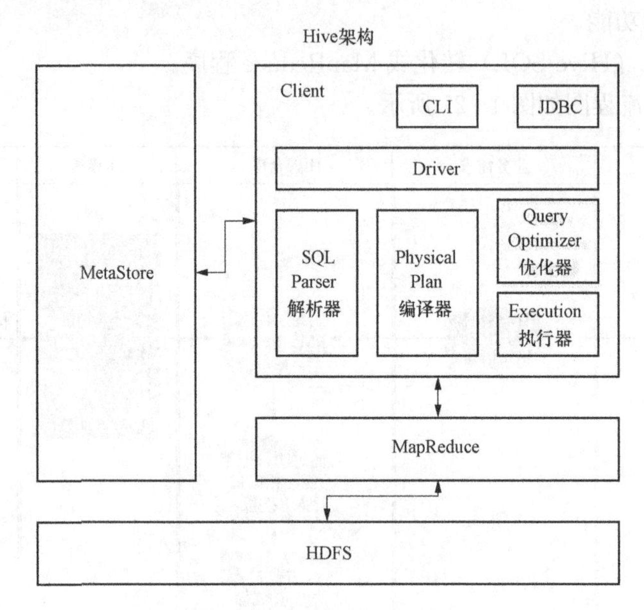

图1-28　Hive架构原理图

（1）用户接口：Client。

CLI（command-line interface）、JDBC/ODBC（JDBC访问Hive）、WEBUI（浏览器访问Hive）。

（2）元数据：MetaStore。

元数据包括表名、表所属的数据库（默认是default）、表的拥有者、列/分区字段、表的类型（是否为外部表）、表的数据所在目录等。

默认存储在自带的derby数据库中，推荐使用MySQL存储MetaStore。

（3）Hadoop。

使用HDFS进行存储，使用MapReduce进行计算。

（4）驱动器：Driver。

1）解析器（SQL Parser）：将SQL字符串转换成抽象语法树AST，这一步一般都用第三方工具库完成，比如antlr；对AST进行语法分析，比如表是否存在、字段是否存在、SQL语义是否有误。

2）编译器（Physical Plan）：将AST编译生成逻辑执行计划。

3）优化器（Query Optimizer）：对逻辑执行计划进行优化。

4）执行器（Execution）：把逻辑执行计划转换成可以运行的物理计划。对于Hive来说，就是MR/Spark。

Hive通过给用户提供的一系列交互接口，接收到用户的指令（SQL），使用自己的

Driver，结合元数据（MetaStore），将这些指令翻译成 MapReduce，提交到 Hadoop 中执行，最后，将执行返回的结果输出到用户交互接口，如图 1 - 29 所示。

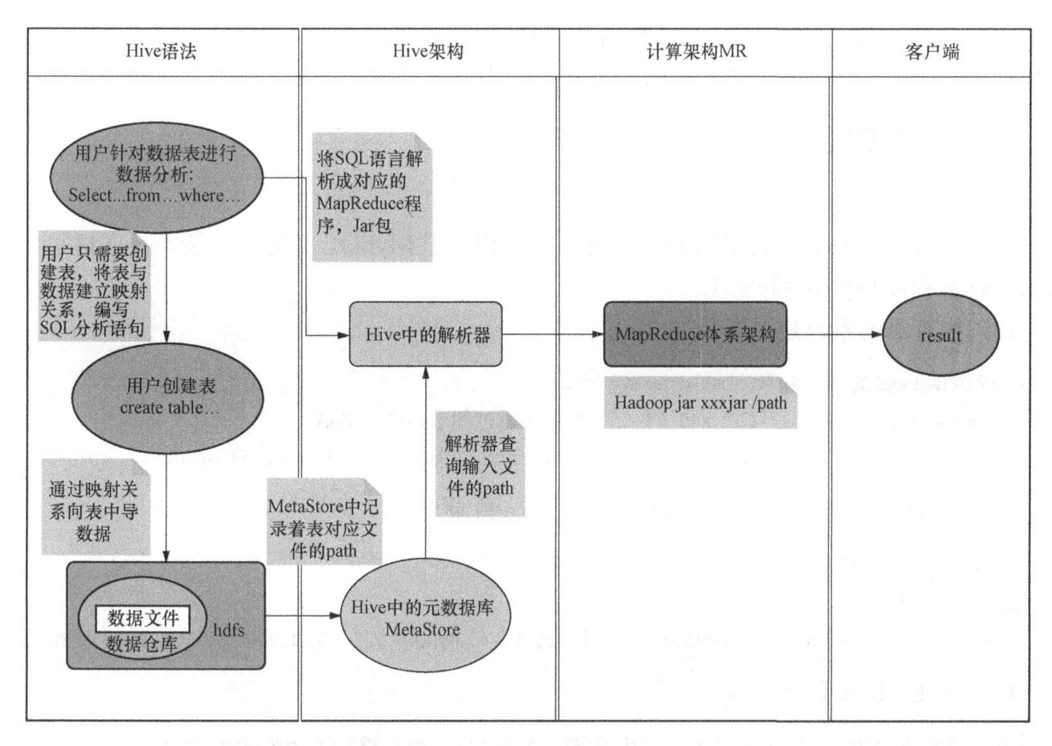

图 1 - 29 Hive 运行原理图

3. Hive 和传统数据库的比较

由于 Hive 采用了类似 SQL 的查询语言 HQL（Hive Query Language），因此很容易将 Hive 理解为数据库。其实从结构上来看，Hive 和数据库除了拥有类似的查询语言，再无类似之处。本文将从多方面来阐述 Hive 和数据库的差异。数据库可以用在 Online 的应用中，但是 Hive 是为数据仓库而设计的，清楚这一点，将有助于从应用角度理解 Hive 的特性。

（1）查询语言。

由于 SQL 被广泛地应用在数据仓库中，因此，专门针对 Hive 的特性设计了类 SQL 的查询语言 HQL。熟悉 SQL 开发的开发者可以很方便地使用 Hive 进行开发。

（2）数据更新。

由于 Hive 是针对数据仓库应用而设计的，而数据仓库的内容是读多写少。因此，Hive 中不建议对数据进行改写，所有的数据都是在加载的时候确定好的。而数据库中的数据通常是需要经常进行修改的，因此可以使用“insert into... values”添加数据，使用“update... set”修改数据。

（3）执行延迟。

Hive 在查询数据的时候，由于没有索引，需要扫描整个表，因此延迟较高。另外一个导致 Hive 执行延迟高的因素是 MapReduce 框架。由于 MapReduce 本身具有较高的延迟，因此在利用 MapReduce 执行 Hive 查询时，也会有较高的延迟。相对地，数据库的执行延迟较低。当然，这个低是有条件的，即数据规模较小，当数据规模大到超过数据库的处理能力的时候，Hive 的并行计算显然能体现出优势。

（4）数据规模。

由于 Hive 建立在集群上并可以利用 MapReduce 进行并行计算，因此可以支持很大规模的数据；对应地，数据库可以支持的数据规模较小。

三、 任务实现

（一） MySQL 安装

虚拟机自带的 Derby 数据库局限性较大，且相较于 MySQL 性能也有所不足，这里我们将 Derby 数据库替换成 MySQL。

（1）检查当前系统是否安装过 MySQL。

```
[root@hadoop100 ~]$ rpm -qa|grep mariadb
mariadb-libs-5.5.56-2.el7.x86_64 //如果存在通过如下命令则卸载
[root @hadoop100 ~]$ rpm -e --nodeps  mariadb-libs   //用此命令卸载 mariadb
```

（2）将 MySQL 安装包复制到/opt/software 目录下。

```
[root @hadoop100 software]# ll
总用量 528384
-rw-r--r--. 1 root root 609556480 3 月  21 15:41 MySQL-5.7.28-1.el7.x86_64.rpm-bundle.tar
```

（3）解压 MySQL 安装包。

```
[root @hadoop100 software]# tar -xf MySQL-5.7.28-1.el7.x86_64.rpm-bundle.tar
```

解压情况如图 1-30 所示。

```
-rw-r--r--. 1 7155 31415  45109364 9月  30 16:04 mysql-community-client-5.7.28-1.el7.x86_64.rpm
-rw-r--r--. 1 7155 31415    318768 9月  30 16:04 mysql-community-common-5.7.28-1.el7.x86_64.rpm
-rw-r--r--. 1 7155 31415   7037096 9月  30 16:04 mysql-community-devel-5.7.28-1.el7.x86_64.rpm
-rw-r--r--. 1 7155 31415  49329100 9月  30 16:04 mysql-community-embedded-5.7.28-1.el7.x86_64.rpm
-rw-r--r--. 1 7155 31415  23354908 9月  30 16:04 mysql-community-embedded-compat-5.7.28-1.el7.x86_64.rpm
-rw-r--r--. 1 7155 31415 136837816 9月  30 16:04 mysql-community-embedded-devel-5.7.28-1.el7.x86_64.rpm
-rw-r--r--. 1 7155 31415   4374364 9月  30 16:04 mysql-community-libs-5.7.28-1.el7.x86_64.rpm
-rw-r--r--. 1 7155 31415   1353312 9月  30 16:04 mysql-community-libs-compat-5.7.28-1.el7.x86_64.rpm
-rw-r--r--. 1 7155 31415 208694824 9月  30 16:05 mysql-community-server-5.7.28-1.el7.x86_64.rpm
-rw-r--r--. 1 7155 31415 133129992 9月  30 16:05 mysql-community-test-5.7.28-1.el7.x86_64.rpm
```

图 1-30　MySQL 安装

（4）在安装目录下执行 rpm 安装。

```
[root @hadoop100 software]$ rpm -ivh MySQL-community-common-5.7.28-1.el7.x86_64.rpm
[root @hadoop100 software]$ rpm -ivh MySQL-community-libs-5.7.28-1.el7.x86_64.rpm
[root @hadoop100 software]$ rpm -ivh MySQL-community-libs-compat-5.7.28-1.el7.x86_64.rpm
[root @hadoop100 software]$ rpm -ivh MySQL-community-client-5.7.28-1.el7.x86_64.rpm
[root @hadoop100 software]$ rpm -ivh MySQL-community-server-5.7.28-1.el7.x86_64.rpm
```

注意：按照顺序依次执行。

如果 Linux 是最小化安装下错误：

```
[root@hadoop100 software]$ sudo rpm -ivh MySQL-community-server-5.7.28-1.el7.x86_64.rpm
警告:MySQL-community-server-5.7.28-1.el7.x86_64.rpm: 头 V3 DSA/SHA1 Signature, 密钥 ID 5072e1f5: NOKEY
错误:依赖检测失败:
        libaio.so.1()(64bit)被 MySQL-community-server-5.7.28-1.el7.x86_64 需要
        libaio.so.1(LIBAIO_0.1)(64bit)被 MySQL-community-server-5.7.28-1.el7.x86_64 需要
        libaio.so.1(LIBAIO_0.4)(64bit)被 MySQL-community-server-5.7.28-1.el7.x86_64 需要
```

通过 yum 安装缺少的依赖，然后重新安装 my 的，在安装 MySQL-community-server-5.7.28-1.el7.x86_64.rpm 时可能会出现如 sql-community-server-5.7.28-1.el7.x86_64。

```
[root@hadoop100 software] yum install -y libaio
```

（5）删除/etc/my.cnf 文件中 datadir 指向的目录下的所有内容，如果有内容的情况下，则：

1）查看 datadir 的值：

```
[MySQLd]
datadir=/var/lib/MySQL
```

2）删除/var/lib/MySQL 目录下的所有内容。

```
cd /var/lib/MySQL
[root @hadoop100 MySQL]$ rm -rf *      //注意执行命令的位置
```

（6）初始化数据库。

```
[root @hadoop100 opt]$ MySQLd --initialize --user=MySQL
```

（7）查看临时生成的 root 用户的密码。

```
[root @hadoop100 opt]$ cat /var/log/MySQLd.log
```

如图 1-31 所示。

（8）启动 MySQL 服务。

```
[root @hadoop100 opt]$ systemctl start MySQLd
```

（9）登录 MySQL 数据库。

```
[root @hadoop100 opt]$ MySQL -uroot -p
Enter password:输入临时生成的密码
```

（10）登录成功后，必须先修改 root 用户的密码，否则执行其他的操作会报错。

```
MySQL> set password = password("新密码");
```

（11）修改 MySQL 库下的 user 表中的 root 用户允许任意 IP 连接。

```
MySQL> update MySQL.user set host='%' where user='root';
MySQL> flush privileges;
```

（二）Hive 安装

（1）把 apache-hive-3.1.2-bin.tar.gz 上传到 linux 的/opt/software 目录下。

```
[root@hadoop100 mysql]# cat /var/log/mysqld.log
2020-03-21T07:46:26.547398Z 0 [Warning] TIMESTAMP with implicit DEFAULT value is deprecated. Please use --explicit
_defaults_for_timestamp server option (see documentation for more details).
2020-03-21T07:46:26.762890Z 0 [Warning] InnoDB: New log files created, LSN=45790
2020-03-21T07:46:26.798097Z 0 [Warning] InnoDB: Creating foreign key constraint system tables.
2020-03-21T07:46:26.805009Z 0 [Warning] No existing UUID has been found, so we assume that this is the first time
that this server has been started. Generating a new UUID: 11c34a0e-6b48-11ea-89c3-000c29cfeec4.
2020-03-21T07:46:26.805979Z 0 [Warning] Gtid table is not ready to be used. Table 'mysql.gtid_executed' cannot be
opened.
2020-03-21T07:46:27.782546Z 0 [Warning] CA certificate ca.pem is self signed.
2020-03-21T07:46:28.077516Z 1 [Note] A temporary password is generated for root@localhost: s;o/K-nXC5i>
```

图 1 - 31　MySQL 初始密码

（2）解压 apache - hive - 3. 1. 2 - bin. tar. gz 到/opt/module/目录下。

```
[root@hadoop100 software]$ tar -zxvf /opt/software/apache-hive-3.1.2-bin.tar.gz -C /opt/module/
```

（3）将“apache - hive - 3. 1. 2 - bin. tar. gz”的名称修改为“hive”。

```
[root@hadoop100 software]$ mv /opt/module/apache-hive-3.1.2-bin/ /opt/module/hive
```

（4）修改/etc/profile，添加环境变量。

```
[root@hadoop100 software]$ vim /etc/profile
```

（5）添加内容，添加完后别忘记执行 source /etc/profile。

```
#HIVE_HOME
export HIVE_HOME=/opt/module/hive
export PATH=$PATH:$HIVE_HOME/bin
```

（6）解决日志 Jar 包冲突。

```
[root@hadoop100 software]$ mv $HIVE_HOME/lib/log4j-slf4j-impl-2.10.0.jar $HIVE_HOME/lib/log4j-slf4j-impl-2.10.0.bak
```

（7）修改 core - site. xml。

为了防止 root 在 hive 中操作的权限问题，我们通常会对 hadoop 配置文件 etc/hadoop/core - site. xml 加入以下配置项：

```
<property>
    <name>hadoop.proxyuser.root.hosts</name>
    <value>*</value>
</property>
<property>
    <name>hadoop.proxyuser.root.groups</name>
    <value>*</value>
</property>
```

保存退出，并重启 hdfs 服务。

（8）复制驱动程序。

将 MySQL 的 JDBC 驱动程序复制到 Hive 的 lib 目录下。

先把 JAR 包放到/opt/software 下，然后执行下面的命令。

```
[root@hadoop100 software]$ cp /opt/software/MySQL-connector-java-5.1.48.jar $HIVE_HOME/lib
```

JDBC 下载地址见右侧二维码。

JDBC 下载地址

(9) 配置 MetaStore 到 MySQL。

在 $HIVE_HOME/conf 目录下新建 hive-site.xml 文件。

```
[root@hadoop100 software]$ vim $HIVE_HOME/conf/hive-site.xml
```

添加如下内容：

```
<?xml version="1.0"?>
<?xml-stylesheet type="text/xsl" href="configuration.xsl"?>
<configuration>
    <!--jdbc 连接的 URL -->
    <property>
        <name>javax.jdo.option.ConnectionURL</name>

<value>jdbc:MySQL://hadoop100:3306/metastore?useSSL=false</value>
</property>

    <!--jdbc 连接的 Driver-->
    <property>
        <name>javax.jdo.option.ConnectionDriverName</name>
        <value>com.MySQL.jdbc.Driver</value>
</property>

<!--jdbc 连接的 username-->
    <property>
        <name>javax.jdo.option.ConnectionUserName</name>
        <value>root</value>
    </property>

    <!--jdbc 连接的 password -->
    <property>
        <name>javax.jdo.option.ConnectionPassword</name>
        <value>123456</value>
    </property>
   <!--Hive 默认在 HDFS 的工作目录 -->
    <property>
        <name>hive.metastore.warehouse.dir</name>
        <value>/user/hive/warehouse</value>
    </property>

<!--Hive 元数据存储版本的验证 -->
```

```
    <property>
        <name>hive.metastore.schema.verification</name>
        <value>false</value>
    </property>
    <!--指定存储元数据要连接的地址 -->
    <property>
        <name>hive.metastore.uris</name>
        <value>thrift://hadoop100:9083</value>
    </property>
    <!--指定 hiveserver2 连接的端口号 -->
    <property>
    <name>hive.server2.thrift.port</name>
    <value>10000</value>
    </property>
    <!--指定 hiveserver2 连接的 host -->
    <property>
        <name>hive.server2.thrift.bind.host</name>
        <value>hadoop100</value>
    </property>
    <!--元数据存储授权  -->
    <property>
        <name>hive.metastore.event.db.notification.api.auth</name>
        <value>false</value>
    </property>

</configuration>
```

（三） Tez 引擎安装 （选做）

Tez 是一个 Hive 的运行引擎，性能优于 MR。为什么优于 MR 呢？如图 1-32 所示。

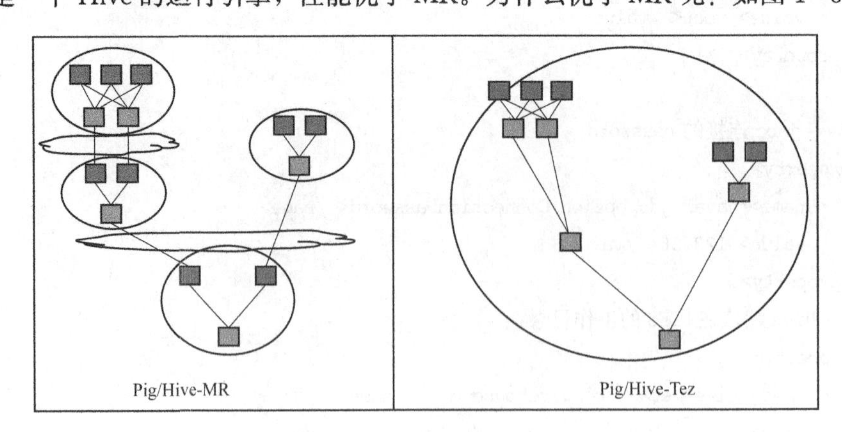

图 1-32　MR 和 Tez 对比

用 Hive 直接编写 MR 程序，假设有四个有依赖关系的 MR 作业，图 1-32 中，深色是 Reduce Task，云状表示写屏蔽，需要将中间结果持久化写到 HDFS。

Tez 可以将多个有依赖的作业转换为一个作业，这样只需写一次 HDFS，且中间节点较少，从而大幅度提升作业的计算性能。

（1）将 Tez 安装包复制到集群，并解压 TAR 包。

```
[root@hadoop100 software]$ mkdir /opt/module/tez
[root@hadoop100 software]$ tar -zxvf /opt/software/tez-0.10.1-SNAPSHOT-minimal.tar.gz -C /opt/module/tez
```

（2）上传 Tez 依赖到 HDFS（注意要先启动 HDFS 服务）。

```
[root@hadoop100 software]$ hadoop fs -mkdir /tez
[root@hadoop100 software]$ hadoop fs -put /opt/software/tez-0.10.1-SNAPSHOT.tar.gz /tez
```

（3）新建 tez-site.xml。

```
[root@hadoop100 software]$ vim $HADOOP_HOME/etc/hadoop/tez-site.xml
```

添加如下内容：

```
<?xml version="1.0" encoding="UTF-8"?>
<?xml-stylesheet type="text/xsl" href="configuration.xsl"?>
<configuration>
<property>
<name>tez.lib.uris</name>
    <value>${fs.defaultFS}/tez/tez-0.10.1-SNAPSHOT.tar.gz</value>
</property>
<property>
     <name>tez.use.cluster.hadoop-libs</name>
     <value>true</value>
</property>
<property>
     <name>tez.am.resource.memory.mb</name>
     <value>1024</value>
</property>
<property>
     <name>tez.am.resource.cpu.vcores</name>
     <value>1</value>
</property>
<property>
     <name>tez.container.max.java.heap.fraction</name>
     <value>0.4</value>
</property>
<property>
     <name>tez.task.resource.memory.mb</name>
     <value>1024</value>
</property>
<property>
```

```
        <name>tez.task.resource.cpu.vcores</name>
        <value>1</value>
    </property>
</configuration>
```

（4）修改 Hadoop 环境变量。

新建 tez.sh 文件：

```
[root@hadoop100 software]$ vim $HADOOP_HOME/etc/hadoop/shellprofile.d/tez.sh
```

添加 Tez 的 JAR 包相关信息：

```
hadoop_add_profile tez
function _tez_hadoop_classpath
{
    hadoop_add_classpath "$HADOOP_HOME/etc/hadoop" after
    hadoop_add_classpath "/opt/module/tez/*" after
    hadoop_add_classpath "/opt/module/tez/lib/*" after
}
```

（5）修改 Hive 的计算引擎。

```
[root@hadoop100 software]$ vim $HIVE_HOME/conf/hive-site.xml
```

添加：

```
<property>
    <name>hive.execution.engine</name>
    <value>tez</value>
</property>
<property>
    <name>hive.tez.container.size</name>
    <value>1024</value>
</property>
```

（6）解决日志 JAR 包冲突。

```
[root@hadoop100 software]$ rm -rf /opt/module/tez/lib/slf4j-log4j12-1.7.10.jar
```

（四） Hive 启动

当在 Hive 中执行增、删、改、查操作时，会在 Yarn 上运行任务，所以需要启动 Yarn 服务。在启动 Yarn 之前，最好保持容量调度器中的队列只有一个，并增加 AppMaster 的运行内存，编辑 capacity-scheduler.xml：

```
vi /opt/module/hadoop-3.1.3/etc/hadoop/capacity-scheduler.xml
```

修改如下：

```
<property>
    <name>yarn.scheduler.capacity.maximum-am-resource-percent</name>
```

```
        < value> 0.5< /value>
        < descrIPtion>
          Maximum percent of resources in the cluster which can be used to run
        application masters i. e. controls number of concurrent running
        applications.
        < /descrIPtion>
    < /property>
```

此配置表示集群上 AM 最多可使用的资源比例，目的为限制过多的应用程序 Application（App）数量，默认比例为 10%，可适当调大比例。

为了防止执行 Hive 时出错，可调大虚拟机的内存，比如可调至 6GB。

1. 初始化元数据库

（1）登录 MySQL。

```
[root@hadoop100 software]$ MySQL - uroot - p123456
```

（2）新建 Hive 元数据库。

```
MySQL> create database metastore;
MySQL> quit;
```

（3）初始化 Hive 元数据库（会执行一会），如图 1 - 33 所示。

```
[root@hadoop100 software]$ schematool - initSchema - dbType MySQL - verbose
```

```
No rows affected (0 seconds)
0: jdbc:mysql://hadoop100:3306/metastore> !closeall
Closing: 0: jdbc:mysql://hadoop100:3306/metastore?useSSL=false
beeline>
beeline> Initialization script completed
schemaTool completed
```

图 1 - 33　Hive 元数据初始化

2. 启动 MetaStore 和 HiveServer2

（1）Hive 2.x 以上版本，要先启动上述两个服务，否则会报如下错：

```
FAILED: HiveException java.lang.RuntimeException: Unable to instantiate org.apache.hadoop.hive.
ql.metadata.SessionHiveMetaStoreClient
```

1）启动 MetaStore。

```
[root@hadoop100 hive]$ hive - - service metastore
```

注意：启动后窗口不能再操作，需打开一个新的 Shell 窗口做其他操作。

2）启动 HiveServer2。

```
[root@hadoop100 hive]$ hive - - service hiveserver2
which: no hbase in (/usr/local/bin:/usr/bin:/usr/local/sbin:/usr/sbin:/opt/module/jdk1.8.0_
212/bin:/opt/module/hadoop - 3.1.3/bin:/opt/module/hadoop - 3.1.3/sbin:/opt/module/hive/bin:/home/
root/.local/bin:/home/root/bin)
```

注意：启动后窗口不能再操作，需打开一个新的 Shell 窗口做其他操作。

（2）编写 Hive 服务启动脚本。

1）前台启动的方式导致需要打开多个 Shell 窗口，可以使用如下方式在后台启动。

Nohup：放在命令开头，表示不挂起，也就是关闭终端进程也继续保持运行状态。

2>&1：表示将错误重定向到标准输出上。

&：放在命令结尾，表示后台运行。

一般会组合使用：nohup [xxx 命令操作] >file 2>&1 &，表示将 xxx 命令运行的结果输出到 file 中，并保持命令启动的进程在后台运行。

以下命令不要求掌握。

```
[root@hadoop100 hive]$ nohup hive --service metastore 2>&1 &
[root@hadoop100 hive]$ nohup hive --service hiveserver2 2>&1 &
```

2）为了方便使用，可以直接编写脚本来管理服务的启动和关闭。

```
[root@hadoop100 hive]$ vim $HIVE_HOME/bin/hiveservices.sh
```

内容如下：此脚本的编写不要求掌握。直接拿来使用即可。

```
#!/bin/bash
HIVE_LOG_DIR=$HIVE_HOME/logs
if [ ! -d $HIVE_LOG_DIR ]
then
mkdir -p $HIVE_LOG_DIR
fi
#检查进程是否运行正常,参数1为进程名,参数2为进程端口
function check_process()
{
pid=$(ps -ef 2>/dev/null | grep -v grep | grep -i $1 | awk '{print $2}')
ppid=$(netstat -nltp 2>/dev/null | grep $2 | awk '{print $7}' | cut -d '/' -f 1)
echo $pid
    [[ "$pid" =~ "$ppid" ]] && [ "$ppid" ] && return 0 || return 1
}

function hive_start()
{
metapid=$(check_process HiveMetastore 9083)
cmd="nohup hive --service metastore >$HIVE_LOG_DIR/metastore.log 2>&1 &"
cmd=$cmd" sleep 4; hdfs dfsadmin -safemode wait >/dev/null 2>&1"
    [ -z "$metapid" ] && eval $cmd || echo "Metastroe 服务已启动"
    server2pid=$(check_process HiveServer2 10000)
    cmd="nohup hive --service hiveserver2 >$HIVE_LOG_DIR/hiveServer2.log 2>&1 &"
    [ -z "$server2pid" ] && eval $cmd || echo "HiveServer2 服务已启动"
}
```

```
function hive_stop()
{
    metapid=$(check_process HiveMetastore 9083)
    [ "$metapid" ] && kill $metapid || echo "Metastore 服务未启动"
    server2pid=$(check_process HiveServer2 10000)
    [ "$server2pid" ] && kill $server2pid || echo "HiveServer2 服务未启动"
}

case $1 in
"start")
    hive_start
    ;;
"stop")
    hive_stop
    ;;
"restart")
    hive_stop
    sleep 2
    hive_start
    ;;
"status")
    check_process HiveMetastore 9083 >/dev/null && echo "Metastore 服务运行正常" || echo "Metastore 服务运行异常"
    check_process HiveServer2 10000 >/dev/null && echo "HiveServer2 服务运行正常" || echo "HiveServer2 服务运行异常"
    ;;
*)
echo Invalid Args!
echo 'Usage: '$(basename $0)' start|stop|restart|status'
    ;;
esac
```

（3）添加执行权限。

```
[root@hadoop100 hive]$ chmod +x $HIVE_HOME/bin/hiveservices.sh
```

（4）启动 Hive 后台服务。

```
[root@hadoop100 hive]$ hiveservices.sh start
```

（5）Hive 访问。

1）启动 hive 客户端。

```
[soft863@hadoop102 hive]$ hive
```

2）看到如下界面（which: no HBase 只是 hbase 没有装而已；对 hive 不影响，不是错误）：

```
which: no hbase in (/usr/local/bin:/usr/bin:/usr/local/sbin:/usr/sbin:/opt/module/jdk1.8.0_212/bin:/opt/module/hadoop-3.1.3/bin:/opt/module/hadoop-3.1.3/sbin:/opt/module/hive/bin:/home/soft863/.local/bin:/home/soft863/bin)
Hive Session ID = 36f90830-2d91-469d-8823-9ee62b6d0c26

Logging initialized using configuration in jar:file:/opt/module/hive/lib/hive-common-3.1.2.jar!/hive-log4j2.properties Async: true
Hive Session ID = 14f96e4e-7009-4926-bb62-035be9178b02
hive>
```

至此，完成了Hive的基本部署和搭建，大家思考一下，除了安装Tez引擎外，是否还可以用其他引擎来代替。

四、拓展知识

进入大数据时代各大企业相继推出数据仓库以应对海量数据的存储，华为是一家全球领先的信息与通信技术（ICT）解决方案提供商，也在大数据领域拥有丰富的经验和技术实力，华为云组件Hive作为一个强大而灵活的大数据处理和分析工具，在大数据分析、数据仓库和ETL、数据湖和数据集市、实时数据处理、机器学习，以及人工智能等领域都有广泛的应用场景。它帮助企业高效地处理和分析海量数据，并从中获取有价值的业务洞察，支持企业的决策和创新。

最早的Hive版本是由Facebook开发，并于2008年开源的。它使用类似于SQL的查询语言（HiveQL）来操作和查询大规模的结构化数据，底层使用Hadoop MapReduce来执行查询任务。

华为云基于Apache Hive进行了定制和演进，推出了自己的Hive组件。华为云组件Hive在保留Apache Hive基本功能的同时，进一步优化了查询功能、提供了更灵活的数据存储和处理方式，并与华为云平台的其他服务进行了深度集成，为用户提供更丰富的大数据处理和分析能力。华为云组件Hive在发展过程中逐渐引入了华为云生态系统的各种组件和服务。例如，与华为云的流式计算引擎（如华为云流计算）结合，可以实现实时数据处理；与华为云机器学习平台（ModelArts）集成，可以支持机器学习模型训练和推理等。

五、练习测验

（一）单选题

（1）以下关于Hive特性的描述不正确的是（　　）。

A. 灵活方便的ETL

B. 仅支持MapReduce计算引擎

C. 可直接访问HDFS文件及HBase

D. 易用易编程

（2）Hive不适用于以下哪个场景（　　）。

A. 实时在线数据分析

B. 非实时分析，例如日志分析、统计分析

C. 数据挖掘，例如用户行为分析、兴趣分区、区域展示

D. 数据汇总，例如每天、每周用户点击数，点击排行

（二）判断题（请在正确的后面画“√”，错误的后面画“×”）

（1）Hive 支持普通视图和物化视图。　（　）

（2）Hive 不支持超时重试机制。　（　）

（三）实践题

在自己电脑上完成 Hive 环境部署，并进行简单的操作。

PART 2

项目二

探索 Hive 数据之林

学习目标

●掌握 Hive 基本数据类型，熟练区分其与 Java 数据类型的区别

●掌握 Hive 集合数据类型，学会集合数据类型嵌套

●掌握 Hive 基础语法，学会创建基础数据库及简单应用

项目描述

2014 年到 2021 年，国家逐渐将大数据上升到国检战略层面，随着进入大数据时代，数据存储不再依赖于传统存储方式，面对指数型增长的数据，对海量数据的存储显得尤为重要。Hive 作为大数据解决方案的核心组件之一，在大数据处理和分析中发挥着重要的作用。Hive 面对结构复杂的数据，其数据结构设计就显得尤为重要，Hive 支持关系型数据库中的大多数基本数据类型，例如 String、Int、Double 等，同时也支持关系型数据库中不经常使用的 3 种集合数据类型，例如 Map、Struct 等。

本项目将设计一个多数据字段类型的数据库，通过创建某电商平台的员工表，以合适的数据类型存储员工的基本信息。同时，我们将深入探讨 Hive 基本数据类型的使用方法。此外，还将通过创建复杂的数据结构字段类型来讲解 Hive 的集合数据类型等技术。

任务　Hive 基本数据类型

一、 任务说明

在 Hive 中创建 Staff 数据库，在数据库中创建 Staff 表用于存储员工的个人信息。在 Staff 表中，用户可以存储 Int、String、Double 等基本数据类型。当 Staff 表被创建后，使用 SQL 语句查询表格详细信息，检查数据类型。当用户查看个人信息时，根据指定条件查询相应的员工信息。本任务的具体要求如下。

（1）创建用于存储员工数据的表结构，创建完成后查询表结构字段。

（2）将本地数据导入 HDFS。

（3）使用 Hive 导入方法将数据导入创建好的员工表中。

（4）对指定字段设置条件进行查询。

二、知识引入

（一）基本数据类型

Hive 作为大数据常用的数据存储仓库，其数据类型十分丰富。Hive 支持基本数据类型和复杂数据类型。

基本数据类型包括数值型、布尔型、字符串类型和时间戳类型，如图 2-1 所示。

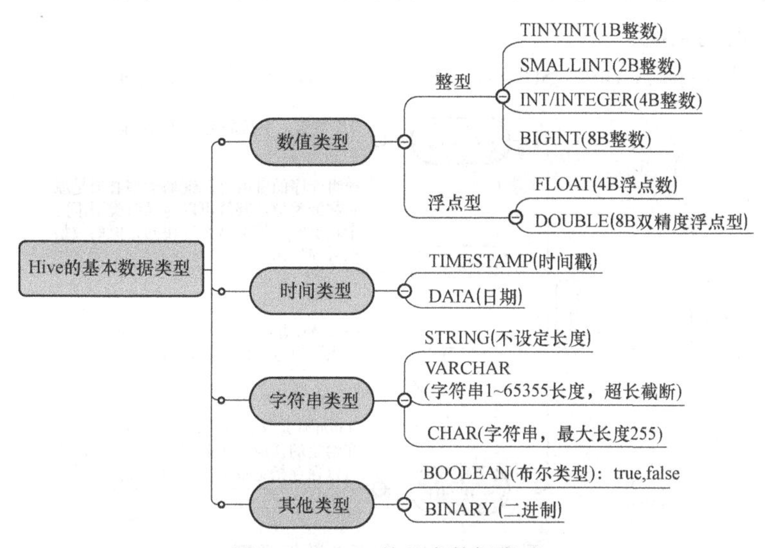

图 2-1 Hive 的基本数据类型

1. 数值类型

Hive 有四种带符号的整数类型，分别为 TINYINT、SMALLINT、INT、BIGINT，它们分别对应 Java 里面的 byte、short、int、long，字节长度分别为 1B、2B、4B、8B，在使用整数字面量的时候，默认使用 INT，如果需要使用其他，则需要加对应的后缀名，见表 2-1。

表 2-1 **Hive 整型类型**

类型	后缀	例子
TINYINT	Y	100Y
SMALLINT	S	100S
BIGINT	L	100L

Hive 中的浮点型 FLOAT、DOUBLE 类型对应 Java 中的 float 32 位，double 64 位。

2. 时间类型

Hive 是不支持真正的日期类型的，而常用的日期格式转化操作则是通过从具有标准时间格式的字符串中提取，也就是从具有标准时间格式的字符串中提取进行操作。例如，可以用 String、Date 和 Timestamp 表示日期时间，String 用 yyyy-MM-dd 的形式表示，Date 用 yyyy-MM-dd 的形式表示，Timestamp 用 yyyy-MM-dd hh：mm：ss 的形式表示。注意，Timestamp（时间戳）（包含年月日时分秒的一种封装），Date（日期）（只包含年月日）。

3. 字符串类型

Hive 有三种类型用于存储文本，分别为 STRING、VARCHAR、CHAR，STRING 存

储变长的文本，对长度没有限制，理论上可以存储大小为 2GB，但是存储特别大的对象时效率可能会受到影响；VARCHAR 与 STRING 类似，但是最大长度为 1～65355；CHAR 则用固定长度来存储数据，最大值为 255。

4. 其他类型

Hive 中的 BOOLEAN 类型对应 Java 中的 BOOLEAN 类型，用来进行判断，BINARY 用于存储变长的二进制数据。

（二） 复杂数据类型

复杂数据类型包括 Array、Struct、Map、Union，如图 2-2 所示。

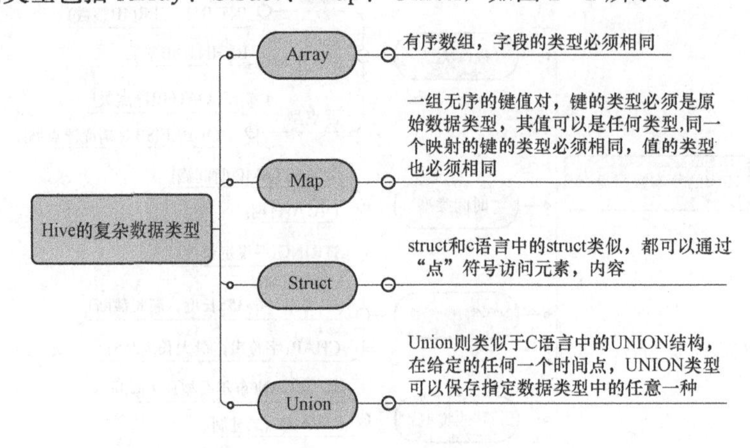

图 2-2 Hive 的复杂数据类型

1. Array

数组的类型声明格式为 Array＜data _ type＞，元素的访问可以通过以 0 开始的下标，例如 array［1］访问第二个元素。

2. Map

Map 通过 Map＜key _ type，data _ type＞，key 只能是基本数据类型，其值可以是任意数据类型，元素的访问使用［］，例如：map［“key1”］。

3. Struct

Struct 则封装一组带有名字的字段，它可以是任意的数据类型，元素的访问可以通过点号，表结构字段名 . struct 字段名。

4. Union

Union 则类似于 C 语言中的 Union 结构，在给定的任何一个时间点，Union 类型可以保存指定数据类型中的任意一种。类型声明语法为 uniontype＜data _ type，data _ type，…＞。每个 Union 类型的值都通过一个整数来表示其类型，这个整数位声明时的索引，从 0 开始。例如：

```
CREATE TABLE union_test(foo
UNIONTYPE<int,double,array,strucy<a:int,b:string>>);
```

foo 的一些取值如下：

```
{0:1}
```

```
{1:4.0}
{2:["two","four"]}
{3:["a":6,b:"sex"]}
```

其中，冒号左边的整数代表数据类型，必须在预先定义的范围内，通过 0 开始的下标表示。冒号右边是该类型的取值，见表 2-2。

表 2-2　Hive 复杂数据类型

数据类型	描述	语法示例
STRUCT	和 C 语言中的 struct 类似，都可以通过“点”符号访问元素内容。例如，如果某个列的数据类型是 STRUCT {first STRING，last STRING}，那么第 1 个元素可以通过字段 . first 来引用	struct() 例如 struct < street：string，city：string>
MAP	MAP 是一组键 - 值对元组集合，使用数组表示法可以访问数据。例如，如果某个列的数据类型是 MAP，其中键 - >值对是'first' - >'John'和'last' - >'Doe'，那么可以通过字段名 ['last'] 获取最后一个元素	map () 如 map<string，int>
ARRAY	数组是一组具有相同类型和名称的变量的集合。这些变量称为数组的元素，每个数组元素都有一个编号，编号从零开始。例如，数组值为 ['John','Doe']，那么第二个元素可以通过数组名 [1] 进行引用	array () 如 array<string>
UNION	Hive 中引入了 UNIONTYPE 数据类型，但是在 Hive 中对此类型的完全支持仍然不完整。在 JOIN 的 WHERE 和 GROUP BY 子句中引用 UNIONTYPE 字段的查询将失败，并且 Hive 没有定义语法来提取 UNIONTYPE 的标记或值字段，这意味着 UNIONTYPE 应用不是很广	

下面的这个 Create 语句用到了这 4 种复杂数据类型：

```
create table complex (
c1 array,
c2 map<string,int>,
c3 struct<a:string,b:int,c:double>,
c4 uniontype<string,int>
);
```

通过下面的 Select 语句查询相应的数据：

```
select c1[0] ,c2['b'],c3.c, c4 from complex
```

结果类似：

```
1 2 1.0 {1:63}
```

三、任务实现

（一）定义数值类型表

现有某部分员工信息如下：

```
姓名    年龄    身高    体重
王帅    27     178     65
唐棠    22     164     50
```

根据上述的信息，创建 staff _ info 表，包含以下字段：姓名，年龄，身高，体重，设置表分隔符为'\ t'。具体代码如下。

```
create table if not exists staff_info(
name string,
age int,
height double,
weight double)
row format delimited fields terminated by '\t';
```

上述代码中部分字段解释如下：

```
row format delimited fields terminated by',' — 列分隔符
```

表格创建完成后，将数据导入表格，首先需要本地/opt/data 目录下创建 staff. txt 文件存储上述数据，代码如下。

```
load data local inpath '/opt/data/staff. txt' into table staff_info;
```

查询表结构，查看字段类型，代码如下。

```
desc staff_info;
```

staff _ info 表结构查询信息如图 2 - 3 所示。

```
hive> desc staff_info;
OK
name                    string
age                     int
height                  double
weight                  double
Time taken: 0.07 seconds, Fetched: 4 row(s)
```

图 2 - 3　staff _ info 表结构信息

在上述建表语句中，第 1 个字段为字符串类型，第 2 个字段为整型，第 3 个和第 4 个字段为浮点型。

查询名字为王帅的年龄及身高，查询语句如下：

```
select name,height from staff_info where name = '王帅';
```

staff _ info 表查询结果如图 2 - 4 所示。

```
hive> select name,height from staff_info where name = '王帅';
OK
王帅    178.0
Time taken: 2.008 seconds, Fetched: 1 row(s)
```

图 2 - 4　staff _ info 表查询结果

（二）定义时间类型表

现有某员工出差安排时间如下：

姓名　出差时间
王帅　2023-03-23 19:00:00
唐棠　2023-04-25 20:00:00

根据上述信息，创建 staff_business_info 表，包含以下字段：姓名，出差时间，设置表分隔符为'\t'。具体代码如下。

```
create table if not exists staff_business_info(
name string,
business date
)
row format delimited fields terminated by '\t';
```

表格创建完成后，将数据导入表格，首先需要在本地/opt/data 目录下创建 staff_business.txt 文件存储上述数据，代码如下。

```
load data local inpath '/opt/data/staff_business.txt' into table staff_business_info;
```

查询表结构，查看字段类型，代码如下。

```
desc staff_business_info;
```

staff_business_info 表结构信息如图 2-5 所示。

```
hive> desc staff_business_info;
OK
name                    string
business                date
Time taken: 0.047 seconds, Fetched: 2 row(s)
```

图 2-5　staff_business_info 表结构信息

在上述建表语句中，第 1 个字段为字符串类型，第 2 个字段为日期。

查询名字为王帅的出差时间，查询语句如下：

```
select * from staff_business_info where name = '王帅';
```

查询结果见图 2-6。

```
hive> select * from staff_business_info where name = '王帅';
OK
王帅    2023-03-23
Time taken: 0.287 seconds, Fetched: 1 row(s)
```

图 2-6　staff_business_info 表数据查询结果

（三）定义字符串类型表

现有该电商平台员工年会演出安排歌曲曲目如下：

姓名　　演出歌曲 1　　演出歌曲 2　　演出歌曲 3
王帅　　六月的雨　　忘记时间　　逍遥叹
唐棠　　黄昏　　冬天的秘密　　寂寞沙洲冷

根据上述信息，创建 staff _ song _ info 表，包含以下字段：姓名，演出时间，设置表分隔符为'\ t'。具体代码如下。

```
create table if not exists staff_song_info(
name string,
song1 string,
song2 string,
song3 string
)
row format delimited fields terminated by '\t';
```

表格创建完成后，将数据导入表格，首先需要本地/opt/data 目录下创建 staff _ song. txt 文件存储上述数据，代码如下。

```
load data local inpath '/opt/data/staff_song. txt' into table staff_song_info;
```

查询表结构，查看字段类型，代码如下（见图 2-7）。

```
desc staff_song_info;
```

```
hive> desc staff_song_info;
OK
name                    string
song1                   string
song2                   string
song3                   string
Time taken: 0.048 seconds, Fetched: 4 row(s)
```

图 2-7　staff _ song _ info 表数据查询结果

在上述建表语句中，四个字段均为字符串类型。

查询名字为王帅的演出时间，查询语句如下：

```
select * from staff_song_info where name = '王帅';
```

staff _ song _ info 表数据查询结果如图 2-8 所示。

```
hive> select * from staff_song_info where name = '王帅';
OK
王帅    六月的雨        忘记时间        逍遥叹
Time taken: 0.253 seconds, Fetched: 1 row(s)
```

图 2-8　staff _ song _ info 表数据查询结果

（四）定义复杂类型结构表

在理想情况下，我们从特定地方获得数据为基本数据类型字段，但往往会出现特殊情况的数据类型，比如 json 格式的文件，这个时候需要用到 Hive 复杂类型的数据结构。

现有一段 json 格式的数据，格式如下：

```
{
  "name": "王帅",
  "friends": ["霍剑", "刘洋"], //列表 Array
  "family": {                   //键值 Map
      "小胡": 1 ,
      "黄蓝": 30
  }
"address": {                 //结构 Struct
  "street": "浦东新区",
  "city": "上海"
      }
}

  {
     "name": "谢风",
     "friends": ["陈易", "李于"], //列表 Array
     "family": {                    //键值 Map
         "谢易": 16 ,
         "谢南": 13
     }
     "address": {                      //结构 Struct
     "street": "皇后大道",
     "city": "香港"
     }
  }
```

上面的数据更容易理解，在文本中的数据如下：

```
王帅,霍剑_刘洋,小胡:3_黄蓝:30,浦东新区_上海
谢风,陈易_李于,谢易:16_谢南:13,皇后大道_香港
```

接下来我们根据数据格式创建 staff 表，建表语句如下：

```
create table staff(
name string,
friends array<string>,
family map<string, int>,
address struct<street:string, city:string>
)
row format delimited fields terminated by ','
collection items terminated by '_'
map keys terminated by ':'
lines terminated by '\n';
```

上述代码中部分字段解释如下：

```
row format delimited fields terminated by ','  —列分隔符
```

```
collection items terminated by '_'    - MAP STRUCT 和 ARRAY 中元素之间的分隔符
map keys terminated by ':' — MAP 中的 key 与 value 的分隔符
lines terminated by '\n'; — 行分隔符
```

建表之后需要将数据导入，这里我们将数据存储在/opt/data 目录下，将文件命名为“staff _ info. txt”，这里采用 load 方法进行导入：

```
load data local inpath'/opt/data/staff_info. txt' into table staff;
```

注：load 为数据导入指令，后续在项目三的任务二中进行讲解，这里先了解。

访问三种集合列里的数据，查询语句如下：

```
select friends[1],family['黄蓝',] address. city from staff where name = '王帅';
```

staff 表数据查询结果如图 2-9 所示。

```
hive> select friends[1],family['黄蓝'], address.city from staff where name= '王帅';
OK
刘洋    30      上海
Time taken: 0.171 seconds, Fetched: 1 row(s)
```

图 2-9　staff 表数据查询结果

上述语句中，通过使用 where 定位查找条件为“王帅”的信息，其中类型为数组的字段 friends 采用下标的方式获取数据；类型字段为 map 类型的字段 family 采用指定 key 的方式获取 value 值；类型为 struct 类型的字段 address 采用属性调用的方法获取 struct 结构下的数据。

四、 拓展知识

华为在大数据领域拥有丰富的实践经验和资源，将 Hive 作为大数据解决方案的核心组件之一，那 Hive 在华为应用场景中的作用都有哪些呢？

华为在 Hive 数据类型方面进行了一些拓展，以满足用户对数据处理的更多需求。这些拓展包括支持增强的空间数据类型、加密数据类型及 JSON 数据类型等。

增强的空间数据类型：华为 Hive 在空间数据处理方面进行了增强。它引入了几何数据类型（Geometry）和地理数据类型（Geography），支持空间数据的存储、索引和查询。这对于进行地理信息系统（GIS）分析和位置相关的应用非常有用。

加密数据类型：为了保护数据的安全性，华为 Hive 提供了加密数据类型的支持。通过使用加密数据类型，可以对敏感数据进行加密处理，并在查询时进行解密。这有助于保护数据在存储和传输过程中的安全。

JSON 数据类型：随着 JSON（JavaScript Object Notation）格式的广泛应用，华为 Hive 也提供了对 JSON 数据类型的支持。它允许将 JSON 数据存储在 Hive 表中，并提供了相应的函数和操作来处理 JSON 数据。

华为对于 Hive 数据类型增加这些拓展为用户提供了更多的选择和功能，使得华为 Hive 在数据管理和数据分析领域都具备更强大的能力。

五、 练习测验

（一） 单选题

(1) 下面哪个数据类型不是 Hive 的内置数据类型？（　　）。

A. int　　B. double　　C. decimal　　D. array

2. 在 Hive 中，对于日期类型的列，可以采用哪些数据类型进行存储？（　　）

A. int　　B. string　　C. date　　D. 所有选项都正确

3. 在 Hive 中，哪种数据类型用于存储布尔型数据？（　　）

A. Boolean　　B. tinyint　　C. int　　D. bigint

4. 在 Hive 中，哪种复杂数据类型用于存储一个包含多个键值对的映射关系？（　　）

A. Array　　B. Struct　　C. Map　　D. Union

（二）判断题（请在正确的后面画“√”，错误的后面画“×”）

1. 在 Hive 中，varchar 和 string 是不同的数据类型。（　　）

2. Hive 中整型的数据类型只有 int 一种。（　　）

（三）实践题

1. 课堂讲述几个表均查询其中一个字段，大家根据样例，对另一个人物信息进行查询，掌握 Hive 的基本数据类型。

2. 创建自定义员工表，定义不少于三种类型的字段，通过查询表结构查看字段详细信息，并进行简单查询。

PART 3

项目三 Hive 数据管理

学习目标

●掌握数据仓库 Hive 的数据库操作。

●掌握数据仓库 Hive 的 DDL 数据定义语法，能够熟练对数据表进行查询、定义及修改。

●掌握数据仓库 Hive 的 DML 数据操作语法，能够熟练对表中的数据进行导入和导出。

项目描述

该项目旨在使用 Hive 数据库操作对员工信息表进行处理和管理。通过使用 Hive 的数据仓库功能，我们将构建一个可扩展和高性能的数据存储解决方案，以满足员工信息管理的需求，帮助决策层更好地了解员工队伍的组成、结构和特征，并基于此做出相应的决策。

在 DDL 数据定义方面，我们将设计合适的数据模型来定义员工信息表的结构。通过创建表、定义列名和数据类型，我们将确保员工信息表的准确性和一致性。此外，还将设置表的分区和索引，以支持更快速的数据查询和分析。

在 DML 数据操作方面，我们将实现对员工信息表的数据操作，包括插入、更新和删除数据。通过执行插入操作，可以将新的员工信息添加到表中。当员工信息发生变化时，我们将使用更新语句来更新相应的表记录。而当员工离职或信息不再有效时，我们将执行删除语句来删除相应的表记录。

除了基本的 DML 操作外，我们还将利用 Hive 的查询语言（Hive SQL）来执行复杂的数据查询和分析任务。通过编写查询语句，可以提取和汇总员工信息表中的有用信息，如薪资统计、部门分布等。

在项目中，我们将学习并遵循数据治理的最佳实践，确保数据的质量、完整性和一致性。通过设定数据验证规则和约束条件，我们将确保员工信息的准确性和完整性。同时，将根据相关法规和标准，如 GDPR（通用数据保护条例）和 HIPAA（美国健康保险可移植性和责任法案），确保处理敏感数据时的合规性和隐私保护。

通过这个项目，我们将利用 Hive 数据库操作来处理员工信息表，包括 DDL 和 DML 操作的实施。我们将设计合适的数据模型和表结构，管理表的分区和索引，实现数据的插入、更新和删除，以及执行复杂的查询和分析任务。同时，我们将注重确保数据的质量和一致性，以提供可靠和准确的员工信息管理解决方案。

任务一　定义员工信息表

一、任务说明

在 Hive 中创建任意数据库，并进行数据库的查询、修改、删除等操作。当数据库创建后，使用数据库语法查询数据库详细信息，数据库过滤查询、数据库属性修改、数据库切换、数据库删除。要注意当数据库不为空时采用特定语法进行删除。使用已创建的数据库，创建指定数据表，并完成数据表的修改，掌握数据表内部表和外部表的创建及转换。本任务的具体要求如下。

(1) 创建用于存储数据表的数据库。

(2) 查询数据库，包含显示、查看数据库详情、切换数据库等操作。

(3) 对数据库进行修改，包含修改和删除操作。

(4) 在指定数据库创建公司部门表和员工信息表，并区分内部表和外部表。

(5) 在员工信息表增加/修改指定列。

二、知识引入

(一) Hive DDL 概述与背景

在当今数字化时代，数据成为企业决策和创新的关键驱动力。然而，处理大规模数据集并从中提取有价值的信息并不容易。为了解决这个问题，Hive 应运而生。Hive 是一个基于 Hadoop 的数据仓库基础设施，它提供了类似于 SQL 的查询语言（Hive SQL），使用户能够使用熟悉的语法进行数据查询和分析。

Hive DDL（Data Definition Language）是 Hive SQL 的一部分，是一种用于定义和管理数据结构的语言，用于定义和管理表、分区、视图、索引等数据库中的数据结构，它是基于 Hadoop 平台的一种数据仓库解决方案，它允许用户在 Hadoop 平台上以类似于关系型数据库的方式进行数据定义和管理。它提供了一种简单且易于理解的语言，使用户能够创建、修改和删除表，并定义表的结构、分区和元数据信息。本文将介绍 Hive DDL 语言的理论知识及实操技术，探讨其与当代社会发展、信息技术伦理等的关系，还将讨论数据隐私、数据伦理和数据安全等问题，探究 Hive DDL 语言在数据管理中的责任和约束。

Hive DDL 允许对数据进行分区和分桶，以提高查询性能。可以建表时直接分区或分桶，同样也可先分区，在分区的基础上再进行分桶设计。Hive 数据存储模型如图 3-1 所示。

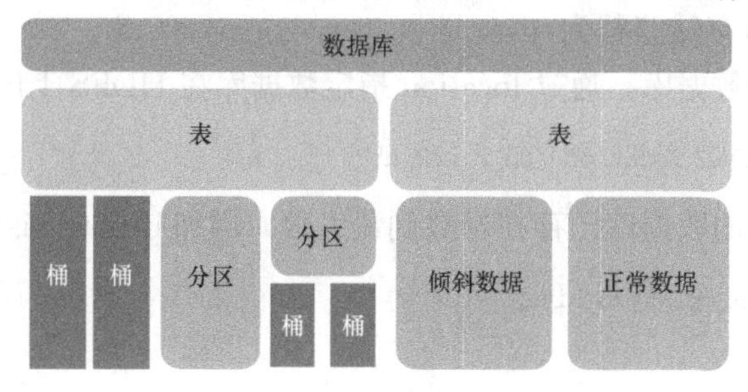

图 3-1　Hive 数据存储模型

Hive 数据存储模型中的分区和分桶是用于管理和优化大规模数据存储和查询的关键元素。分区通过将数据按照特定列的值进行分割，使数据更易于组织和检索，例如按日期分区。而分桶则进一步细分分区，将数据按照哈希函数分成更小的块，有助于减轻查询负担和提高性能。然而，数据倾斜是一个常见的挑战，是指数据在分区或分桶中分布不均匀，导致一些分区或分桶包含比其他更多的数据，从而影响查询性能。因此，需要使用合适的分区和分桶策略及数据倾斜解决方法，如调整哈希函数或使用动态分区来优化 Hive 的查询性能。

Hive DDL 共计包含七部分，分别包含数据库的创建、查询、修改、删除，表的创建、修改、删除，如图 3-2 所示。

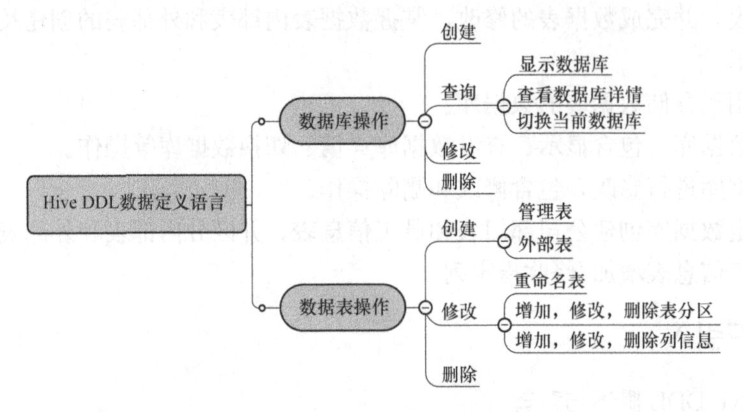

图 3-2　Hive DDL 数据定义语言

（二）Hive DDL 常用语法和操作

1. 数据库创建

数据库创建，是指在 Hive 中创建一个新的数据库，可以使用 create database 语句来完成。语法如下：

```
CREATE DATABASE [IF NOT EXISTS]database_name
[COMMENT database_comment]
[LOCATION hdfs_path]
[WITH DBPROPERTIES (property_name = property_value, ...)];
```

针对上述语法我们对数据库创建实现一些小案例。

案例 1：创建名为"db _ hive" 的数据库。

```
create database db_hive;
```

此时，数据库默认存储路径为/user/hive/warehouse/ * . db。

案例 2：创建一个数据库，通过 location 指定数据库在 HDFS 上的存放位置。

```
create database db_hive2 location '/db_hive2.db';
```

案例 3：避免创建的数据库已存在导致创建失败，增加 if not exists 判断。

```
create database if not existsdb_hive;
```

2. 数据库查询

数据库查询用于查看当前 Hive 服务器上已存在的数据库，可以使用 show databases 语句来实现。下面是一些小案例：

案例1：查询所有已创建的数据库。

```
show databases;
```

案例2：过滤显示查询的数据库，通过like实现。

```
show databases like 'db_hive*';
```

案例3：显示数据库信息。

```
desc database db_hive;
```

案例4：显示数据库详细信息，通过extended实现。

```
desc database extended db_hive;
```

案例5：切换数据库。

```
use db_hive;
```

3. 数据库删除

数据库删除，是指将不再需要的数据库从Hive服务器上删除。使用drop database语句可以删除指定的数据库及其所有相关的表。下面是一些小案例：

案例1：删除名为"db_hive"的空数据库。

```
drop database db_hive;
```

案例2：如果删除的数据库不存在，最好采用if exists判断数据库是否存在。

```
drop database if exists db_hive;
```

案例3：如果数据库不为空，可以采用cascade命令强制删除。

```
drop database db_hive cascade;
```

4. 数据库修改

通常，数据库修改包括修改数据库的名称或者其他属性。用户可以使用alter database命令为某个数据库的dbproperties设置键-值对属性值来描述这个数据库的属性信息。数据库的其他元数据信息都是不可更改的，包括数据库名和数据库所在的目录位置。

案例1：修改数据库创建时间。

```
alter database db_hive set
dbproperties('createtime'='20230710');
```

可以通过extended查看数据库详细信息，以查看时间是否修改。

在Hive中，同样可以通过创建一个新的数据库并将原有数据库的表移动到新数据库来达到修改的效果。

案例2：将名为"mydb_old"的数据库修改为"mydb_new"，同时保留原有的表结构和数据。

```
--创建新的数据库
create database mydb_new;
```

```
--移动表到新的数据库
use mydb_old; --切换到原有的数据库
创建新表
create tables mytable(name string);
show tables; --查看原有数据库的表
alter table mytable rename to mydb_new.mytable; --将表移动到新数据库

--删除原有的数据库
drop database mydb_old;
```

5. 数据表创建

(1) 建表基础语法。

数据表创建，是指在Hive中创建一个新的数据表，可以使用create table语句来完成。建表语法如下：

```
CREATE [EXTERNAL] TABLE [IF NOT EXISTS]table_name
[(col_name data_type [COMMENT col_comment], ...)]
[COMMENT table_comment]
[PARTITIONED BY (col_name data_type [COMMENT col_comment], ...)]
[CLUSTERED BY (col_name, col_name, ...)
[SORTED BY (col_name [ASC|DESC], ...)] INTO num_buckets BUCKETS]
[ROW FORMAT row_format]
[STORED AS file_format]
[LOCATION hdfs_path]
[TBLPROPERTIES (property_name = property_value, ...)]
[AS select_statement]
```

字段解释说明如下。

1）create table：创建一个指定名字的表。如果相同名字的表已经存在，则抛出异常；用户可以用if not exists选项来忽略这个异常。

2）external关键字：可以让用户创建一个外部表，在创建表的同时可以指定一个指向实际数据的路径（location），在删除表的时候，内部表的元数据和数据会被一起删除，而外部表只删除元数据，不删除数据。

3）comment：为表和列添加注释。

4）paRtitioned by：创建分区表，Hive分区表是一种将数据按照指定的列值进行逻辑划分和存储的表结构。通过对表数据进行分区，可以提高数据查询效率，降低数据处理的成本。分区表可以根据某个或多个列的值来划分数据，并将每个分区存储在不同的文件夹或目录中。这样，在查询时只需处理相关分区的数据，而不需要扫描整个表。同时，分区表使得对特定分区进行数据加载、删除或修改变得更加方便和高效。在Hive中，创建分区表时需要指定分区字段，并在数据加载时，将数据按照分区字段的值分别保存到对应的分区目录下。常见的分区方式包括按日期、地区、类别等。通过合理设计分区策略，可以减少数据倾斜和加速查询，提升Hive表的性能和可维护性。因此，了解和使用Hive分区表是进行大规模数据处理和查询的重要知识点。

5）clustered by：创建分桶表，Hive分桶表是一种在Hive中用于数据存储和查询优化的表结构。它将表数据按照某个或多个列的哈希值进行划分，并将每个哈希值对应的数据存储到不同的桶中。与分区表相比，分桶表更加细粒度地将数据进行划分，并可以更加均匀地分散数据到不同的桶中。通过使用分桶表，可以在查询时快速定位目标数据所在的桶，并减少数据扫描的范围，提高查询性能。

在创建分桶表时，需要指定分桶字段和分桶数量。分桶字段的值会作为哈希函数的输入，确定数据属于哪个桶。分桶数量越多，数据在桶中的分布越均匀，但也会增加存储开销。因此，在选择分桶数量时需要考虑数据规模、查询需求和存储成本等因素。

与分区表类似，分桶表在数据加载时需要根据分桶字段的值将数据插入对应的桶中。查询时，可以通过在查询条件中使用分桶字段，并指定特定的桶号来快速定位和访问目标数据。同时，分桶表可以与分区表结合使用，以进一步提升查询性能。

Hive分桶表是一种在大规模数据处理中常用的表结构，通过哈希值划分数据，可以高效地定位和查询数据。合理设计分桶数量和选择适当的分桶字段，可以最大程度地减少数据扫描范围，提升查询效率。

6）sorted by：对桶中的一个或多个列另外排序。

```
ROW FORMAT
DELIMITED [FIELDS TERMINATED BY char] [COLLECTION ITEMS TERMINATED BY char]
        [MAP KEYS TERMINATED BY char] [LINES TERMINATED BY char]
    | SERDE serde_name [WITH SERDEPROPERTIES (property_name = property_value, property_name = prop-
erty_value, ...)]
```

用户在建表的时候可以自定义SerDe或者使用自带的SerDe。如果没有指定row format或者row format delimited，将会使用自带的SerDe。在建表的时候，用户还需要为表指定列，用户在指定表的列的同时也会指定自定义的SerDe，Hive通过SerDe确定表的具体的列的数据。

SerDe是Serialize/Deserilize的简称，Hive使用SerDe进行行对象的序列与反序列化。

7）stored as：指定存储文件类型。

常用的存储文件类型：sequencefile（二进制序列文件）、textfile（文本）、rcfile（列式存储格式文件）。

如果文件数据是纯文本，可以使用stored as textfile。如果数据需要压缩，使用stored as sequencefile。

8）location：指定表在HDFS上的存储位置。

9）as：后跟查询语句，根据查询结果创建表。

10）like：允许用户复制现有的表结构，但是不复制数据。

下面是一个小案例：

案例1：创建名为“mytable”的数据表，包括两个字段“id”和“name”。

```
create table mytable (
  id int,
  name string
);
```

（2）内部表。

默认创建的表都是内部表，也称为管理表。因为这种表，Hive会（或多或少地）控制着数据的生命周期。默认情况下，Hive会将这些表的数据存储在由配置项hive. metastore. warehouse. dir（例如，/user/hive/warehouse）所定义的目录的子目录下。当我们删除一个管理表时，Hive也会删除这个表中的数据。管理表不适合和其他工具共享数据。下面通过一个案例来对内部表进一步理解。

案例2：创建内部表：

```
create table if not exists student1(
id int, name string
)
row format delimited fields terminated by '\t'
```

查询表的类型：

```
desc formatted student1;
```

结果如下：

```
Table Type:                MANAGED_TABLE
```

（3）外部表。

因为表是外部表，所以Hive并非认为其完全拥有这份数据。删除该表并不会删掉这份数据，不过描述表的元数据信息会被删掉。

案例3：创建外部表：

```
create external table if not exists student2(
id int, name string
)
row format delimited fields terminated by '\t'
```

查询表类型：

```
desc formatted student2;
```

结果如下：

```
Table Type:EXTERNAL_TABLE
```

删除外部表：

```
drop table student2;
```

外部表被删除后，hdfs中的数据还在，但是metadata中student的元数据已被删除。

（4）内部表和外部表关联。

1）查询表的类型：

```
desc formatted student1;
```

结果如下：

```
Table Type:                MANAGED_TABLE
```

2）修改内部表student1为外部表：

```
alter table student2 set tblproperties('EXTERNAL' = 'TRUE');
```

3）查询表的类型：

```
desc formatted student2;
```

结果如下：

```
Table Type:             EXTERNAL_TABLE
```

4）修改外部表student2为内部表：

```
alter table student2 set tblproperties('EXTERNAL' = 'FALSE');
```

5）查询表的类型：

```
desc formatted student2;
```

结果如下：

```
Table Type:             MANAGED_TABLE
```

注意：('EXTERNAL'='TRUE')和('EXTERNAL'='FALSE')为固定写法，区分大小写！

（5）视图。

1）视图概念。

Hive视图是Hive中的一种虚拟表，它是基于一个或多个实际表的查询结果创建而成。Hive视图通过提供一个逻辑上的数据组织和简化数据操作，使得用户能够更加方便地进行数据分析和查询。与实际表相比，Hive视图并不实际存储任何数据，而是通过对实际表的引用和查询来生成结果。

Hive视图的创建方式与表类似，可以使用Hive查询语言（HiveQL）来定义视图的结构和数据筛选条件。通过定义视图，用户可以仅仅关注所需的数据字段，而无须关心底层数据表的复杂结构。这使得用户可以以一种更加直观和可理解的方式来操作和分析数据。

同时，Hive视图还具有数据安全性和访问控制的优势。通过视图，可以限定用户只能访问特定的数据字段和行，从而保护敏感数据的安全性。此外，当实际表的结构发生变化时，只需更新视图的定义，而不需要修改查询代码，从而简化了维护和管理的工作。

Hive视图为用户提供了一种方便、灵活和安全的数据操作和分析方式。通过使用Hive视图，用户可以以简单的方式获取所需的数据，并以一种更加可理解和易于管理的方式进行数据分析。

2）视图创建语法。

```
CREATE VIEW [IF NOT EXISTS]view_name [(column_name [,...])] [COMMENT 'view_comment']
AS SELECT ...
FROM ...
[WHERE ...]
[GROUP BY ...]
[HAVING ...]
[ORDER BY ...]
    [LIMIT ...]
```

其中，关键词和参数的含义如下。

create view：创建一个 Hive 视图。

if not exists：可选参数，表示如果同名的视图已存在，则不会再创建。

view _ name：要创建的视图名称。

column _ name：可选参数，表示要选择的列名，用于定义视图的字段。

comment：可选参数，提供对视图的注释。

as select：视图的定义部分，使用 SELECT 语句来指定视图的查询逻辑，可以包含 WHERE、GROUP BY、HAVING、ORDER BY 和 LIMIT 等子句。

例如，创建一个名为“my _ view”的 Hive 视图，选择某个表的两个列，并进行筛选条件的设置，可以使用以下语法：

```
create view my_view (col1, col2)
as select col1,col2
from my_table
where col3 = 'value';
```

这样就创建了一个名为“my _ view”的 Hive 视图，它选择了“my _ table”表中的“col1”和“col2”两列，并设置了筛选条件“col3 = 'value'”。

（6）索引。

Hive 索引是一种 Hive 提供的用于加速查询性能的数据结构，它用于存储表的某些列的值和它们在表中所对应的行的指针。通过使用 Hive 索引，可以快速定位特定条件下匹配的记录，并在查询过程中减少输入输出（Input/Out/Buct，I/O）操作，从而提高查询效率。Hive 对索引的支持包括 B+树索引、位图索引和压缩列索引等多种类型。

在 Hive 中，B+树索引是较常用的索引类型，它适用于范围查询和排序查询等场景。B+树索引可以根据所选字段值快速定位目标行，减少扫描全表的开销。位图索引则适用于低基数列的查询（基数是指列中唯一值的个数），可以记录所有匹配条件的值，并把它们映射到位图上。在查询时，位图索引可以快速定位符合条件的行，避免了全表扫描，但在高基数列上的效果并不好。压缩列索引则可以用于大数据量下的高效查询，它使用压缩算法来减小索引存储的空间，并提高查询效率。

Hive 索引的创建方式也很简单，在创建表时可以通过 CREATE INDEX 语句来添加索引，也可以在表创建后使用 ALTER TABLE 语句来添加。注意，Hive 的索引是只读的，即不能对索引进行更新、删除和插入等操作。同时，Hive 索引也不是必需的，对于小型数据集或者只需进行简单查询的场景，没有使用索引也不会对性能产生太大影响。

Hive 索引是一种用于优化查询性能的重要工具。通过选择合适的索引类型，并对需要建立索引的表列进行定义，用户可以在进行大规模数据查询时实现更加高效和快速的数据访问。

```
CREATE [UNIQUE] [BITMAP] INDEX index_name ON table_name (col_name [, ... ]) [AS (key = value [, ... ])];
```

其中，关键词和参数的含义如下。

create index：用于创建一个新的 Hive 索引。

unique：可选参数，表示创建唯一索引。

bitmap：可选参数，表示创建位图索引。

index _ name：要创建的索引名称。

table _ name：要创建索引的表名称。

col _ name：要创建索引的列名称。

as：可选参数，后面跟随着对于 Bloom Filter 索引的配置。

key=value：BloomFilter 索引的配置，如 with deferred rebuild。

例如，创建一个名为“my _ index”的普通 B+树索引，针对某个表的“col1”列和“col2”列，可以使用以下语法：

```
create index my_index on my_table (col1, col2);
```

这样就创建了一个名为“my _ index”的普通 B+树索引，用于快速查询“my _ table”表中“col1”列和“col2”列。如果需要创建位图索引，只需在创建索引时添加 BITMAP 关键字即可。另外，如果想创建唯一索引，就在 create index 语句中添加 unique 关键字。

注：在创建索引之前，需要先确定哪些列需要建立索引，以及选择合适的索引类型。建立有用的索引需要考虑多种因素，如数据集大小、查询需求、数据类型和动态更新等，必须选择最佳的索引来实现性能提升。

6. 数据表修改

通常，数据表修改包括修改数据表的结构或者属性。在 Hive 中，可以使用 ALTER TABLE 语句对已存在的数据表进行修改。下面是一个小案例：

案例 1：向名为“mytable”的数据表添加一个新的字段“age”。

```
ALTER TABLE mytable ADD COLUMN age int;
```

案例 2：修改列名。

```
ALTER TABLE table_name RENAME TO new_table_name;
```

案例 3：增加和替换列。

```
ALTER TABLE table_name ADD|REPLACE COLUMNS (col_name data_type [COMMENT col_comment], ...);
```

注：ADD 是代表新增一字段，字段位置在所有列后面（partition 列前），REPLACE 则表示替换表中所有的字段。

7. 数据表删除

数据表删除，是指将不再需要的数据表从 Hive 中删除。可以使用 DROP TABLE 语句来删除指定的数据表。下面是一个小案例：

案例 1：删除名为“mytable”的数据表。

```
DROP TABLE mytable;
```

通过学习数据库的创建、查询、删除和修改操作及数据表的创建、修改和删除操作，我们可以更好地了解 Hive 中数据的管理和操作方式，促进合理的数据存储和使用。接下来，我们结合具体案例，帮助大家更好地理解这些操作的实际应用场景。

三、 任务实现

（一） 员工信息数据库定义

现需要一个保存员工信息表的数据库，创建一个名为" company _ db" 的数据库。具体代码如下。

```
create database company_db;
```

查看已创建的数据库：

```
show databases;
```

结果如图 3 - 3 所示。

```
hive> CREATE DATABASE company_db;
OK
Time taken: 2.923 seconds
hive> show databases;
OK
ant
company_db
default
demo
hive_1
hive_3
Time taken: 0.032 seconds, Fetched: 6 row(s)
```

图 3 - 3　数据库信息

使用 company _ db 数据库：

```
use company_db;
```

（二） 员工信息表定义

现某公司有两个存储部门信息和员工信息的数据文件，分别为 dept. txt 和 staff. txt，部门信息包含部门编号、部门名称两个字段，数据如下。

```
deptno    dname     loc
  01      销售部    办公一区
  02      开发部    开发一区
  03      人事部    办公二区
  04      法律部    办公三区
  05      财务部    办公四区
```

员工信息包含员工编号、员工姓名、工作岗位、薪资、部门编号、性别、入职日期，数据如下。

```
empno          ename               job      salary   deptno   sex hire_date
10021 陆××     软件开发工程师       12000    02       男       2023 - 07 - 21
10022 张×      法务总监             15000    04       男       2023 - 07 - 11
10023 李×      大数据开发工程师     13000    02       男       2023 - 07 - 10
```

10024 刘×	数据分析师	11500	02	女	2022-06-21
10025 赵×	公司律师	11000	05	女	2022-03-21
10026 陈×	销售专员	9000	01	男	2021-05-21
10027 吴×	人力资源经理	9000	03	男	2021-05-20
10028 郑××	招聘经理	6000	03	女	2020-09-21
10029 孙××	会计经理	9000	05	女	2020-03-21
10030 王××	财务总监	18000	05	男	2020-05-21

在 company_db 数据库中创建一个名为 dept 的数据表，存放部门信息数据，根据原始数据列分隔符使用“\t”。

```
create table if not exists dept(
deptno int,
dname string,
loc string)
row format delimited fields terminated by '\t';
```

在 company_db 数据库中创建一个名为“staff”的数据表，存放员工信息数据，根据原始数据列分隔符使用“\t”。

```
create table if not exists staff(
empno int,
ename string,
job string,
salary double,
deptno int,
sex string)
row format delimited fields terminated by '\t';
```

查看 staff 表信息，如图 3-4 所示。

```
desc staff;
```

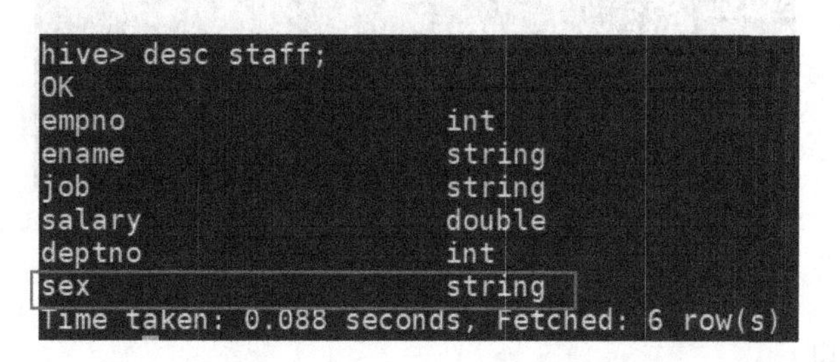
```
hive> desc staff;
OK
empno                   int
ename                   string
job                     string
salary                  double
deptno                  int
sex                     string
Time taken: 0.088 seconds, Fetched: 6 row(s)
```

图 3-4 staff 表结构信息

在 staff 表中新增一个名为“hire_date”的列，存放入职时间，数据类型采用 date 类型。

```
alter table staff add columns (hire_date date);
```

查看修改后的表信息，如图 3-5 所示。

```
desc staff;
```

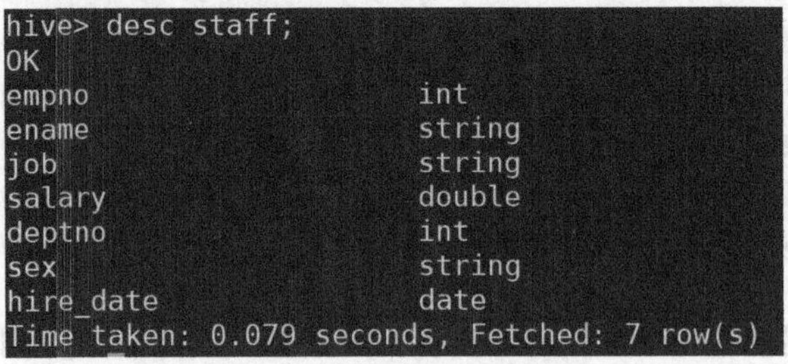

```
hive> desc staff;
OK
empno                   int
ename                   string
job                     string
salary                  double
deptno                  int
sex                     string
hire_date               date
Time taken: 0.079 seconds, Fetched: 7 row(s)
```

图 3-5　staff 表结构信息

创建一个名为“staff _ new”外部表，用来存放过滤后的数据。

```
create external table if not exists staff_new(
empno int,
ename string,
job string,
salary double,
deptno int,
sex string,
hire_date date)
row format delimited fields terminated by '\t';
```

查看已创建的数据表。

```
show tables;
```

结果如图 3-6 所示。

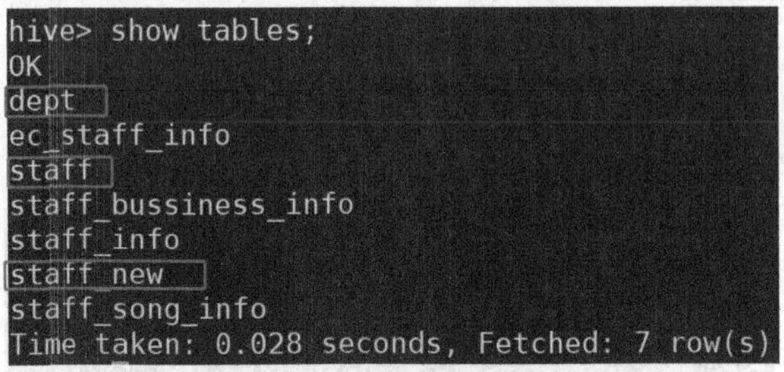

```
hive> show tables;
OK
dept
ec_staff_info
staff
staff_bussiness_info
staff_info
staff_new
staff_song_info
Time taken: 0.028 seconds, Fetched: 7 row(s)
```

图 3-6　数据表信息

四、 拓展知识

如图 3-7 所示，华为云上的 Hive DDL 支持数据仓库的优化，包括设计星型和雪花模式的数据模型，以便更好地满足联机分析处理（OLAP）需求。这种模型设计可通过 Hive DDL 实现，使用户能够更轻松地创建和管理多维数据模型。Hive DDL 允许对数据进行分区和分桶，以提高查询性能。华为云的 Hive DDL 同样支持动态分区和静态分区，以及数据分桶和桶排序，这些功能都有助于减少查询时间并提高效率。

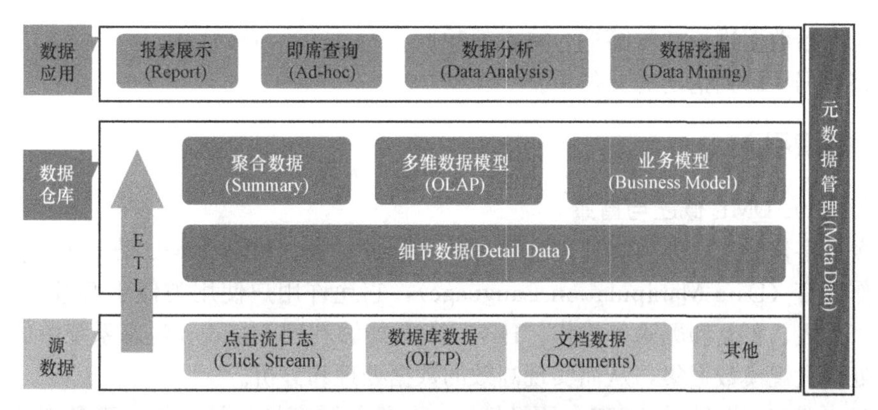

图 3-7 华为云 Hive 数据存储模型

五、 练习测验

(一) 单选题

(1) Hive DDL 用于定义和管理数据库中的哪个对象?( )

A. 表(Table) B. 视图(View)

C. 数据库(DataBase) D. 索引(Index)

(2) Hive DDL 中用于创建新表的关键字是什么?( )

A. CREATE B. INSERT C. SELECT D. ALTER

(3) Hive DDL 中用于删除表的关键字是什么?( )

A. DROP B. DELETE C. TRUNCATE D. REMOVE

(4) Hive DDL 中用于修改表结构的关键字是什么?( )

A. ALTER B. UPDATE C. MODIFY D. CHANGE

(二) 判断题(请在正确的后面画 "√",错误的后面画 "×")

(1) Hive DDL 用于查询和分析数据,而不涉及对数据进行修改。 ( )

(2) Hive DDL 可以用来创建、修改和删除表,但不能用来创建、修改和删除数据库。 ( )

(3) 在 Hive DDL 中,使用 ALTER TABLE 语句可以修改现有表的结构(例如,添加列或更改列的数据类型)。 ( )

(4) 使用 Hive DDL 可以创建索引来加快数据的查询速度。 ( )

(5) Hive DDL 中,使用 CREATE VIEW 语句可以创建一个虚拟表,该表基于一个或多个现有表的结果集。 ( )

任务二 员工信息数据操作

一、 任务说明

在任务一已创建好的数据表中进行数据的导入与导出。本任务的具体要求如下。

(1) 将数据导入指定的数据表 staff 及 dept 中。

（2）对原始数据进行初步筛选，将有效数据导入 staff _ new 表中。

（3）将数据导出到指定的文件中。

二、知识引入

（一）Hive DML 概述与背景

在当今数字化时代，大数据处理和管理成了重要任务。Hive DML 是基于 Apache Hive 的数据操作语言（Data Manipulation Language），它允许用户使用类似于 SQL 的语法进行数据查询、插入、更新和删除等操作。Hive DML 能够利用 Hadoop 生态系统中的分布式计算能力，处理大规模数据集，从而实现高效的数据处理和分析。

（1）Hive DML 提供了 ACID（原子性、一致性、隔离性、持久性）事务支持，这对于要求数据一致性和可靠性的应用非常重要。用户可以使用 BEGIN TRANSACTION、COMMIT 和 ROLLBACK 等语句来管理事务。

（2）Hive DML 允许用户执行数据写入和更新操作。用户可以使用 INSERT 语句将数据加载到表中，也可以使用 UPDATE 语句来修改表中的数据。这些操作使用户能够更好地管理和维护数据。

（3）Hive DML 包含自动优化器，它可以分析查询并生成更高效的查询计划。这减少了用户手动优化的需要，并提高了查询性能。

（4）Hive DML 支持窗口函数，这是一种强大的数据分析工具，用于执行与窗口或分区相关的计算。窗口函数使用户能够在数据集内执行聚合、排序和排名等操作，以便进行复杂的数据分析。

Hive DML 操作支持数据操作，包括数据的导入和导出，如图 3-8 所示。

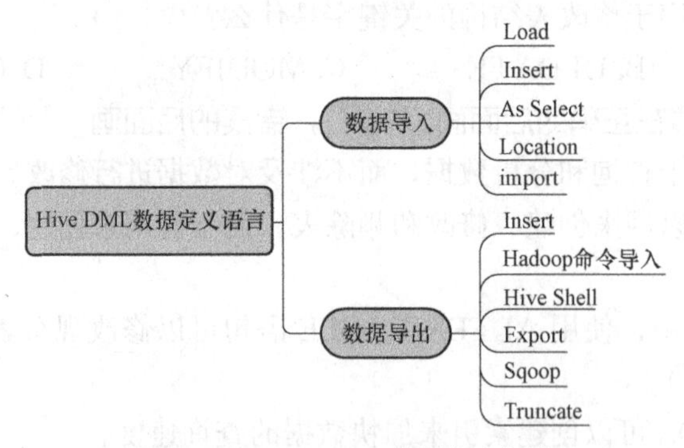

图 3-8　Hive DML 数据定义语言

（二）Hive DML 常用语法和操作

1. 数据导入

（1）Load 装载数据。

语法如下：

```
load data [local]inpath '数据的路径' [overwrite] into table student [partition (partcol1 = val1,
…)];
```

字段解释说明如下。

1）load data：表示加载数据。

2）local：表示从本地加载数据到 Hive 表；否则从 HDFS 加载数据到 Hive 表。

3）inpath：表示加载数据的路径。

4）overwrite：表示覆盖表中已有的数据，否则表示追加。

5）into table：表示加载到哪张表。

6）student：表示具体的表。

7）partition：表示上传到指定分区。

针对上述语法，我们对数据库创建实现一些小案例。

现有学生信息见表 3-1。

表 3-1　　学生信息表

Id	Name	Id	Name
1	王××	3	王××
2	王××	4	刘××

案例 1：加载本地文件到 Hive。

```
建表
create table student(id string, name string) row format delimited fields terminated by '\t';
导入数据
load data local inpath '/opt/module/hive/datas/student.txt' into table student;
```

案例 2：加载 HDFS 数据到 Hive。

```
数据上传到 HDFS
dfs -put /opt/module/hive/datas/student.txt /user/softhk/hive;
导入数据
load data local inpath '/opt/module/hive/datas/student.txt' into table student;
```

案例 3：加载数据覆盖表中已有的数据。

```
数据上传到 HDFS
dfs -put /opt/module/datas/student.txt /user/softhk/hive;
加载数据覆盖表中已有的数据
load data inpath '/user/softhk/hive/student.txt' overwrite into table student;
```

（2）Insert 插入数据。

创建一个 student_n 表，包含 id、name 两个字段，将数据进行插入。

案例 4：插入数据。

```
建表
create table student_n(id int, name string) row format delimited fields terminated by '\t';
插入数据
insert into table student_n values(1,'wangliuliu'),(2,'tangyouyou');
```

（3）As Select 加载数据。

案例 5：通过 as select 查询语句创建表并加载数据。

```
create table if not exists student_a
```

```
as select id, name from student;
```

（4）Location 指定加载数据。

案例 6：创建表，并指定在 HDFS 上的位置。

```
上传数据到 hdfs
dfs - mkdir/student;
dfs - put/opt/module/datas/student. txt/student;

创建表并指定数据
create external table if not exists student_1(
id int,name string
)
row format delimited fields terminated by '\t'
location '/student';
```

（5）Import 导入数据。

```
import table student from
'/user/hive/warehouse/export/student';
```

2. 数据导出

（1）Insert 导出。

1）将查询的结果导出到本地。

```
insert overwrite local directory
'/opt/module/hive/datas/export/student'
select * from student;
```

2）将查询的结果格式化导出到本地。

```
insert overwrite local directory
'/opt/module/hive/datas/export/student1'
row format delimited fields terminated by '\t'
select * from student;
```

3）将查询的结果导出到 HDFS 上（没有 local）。

```
insert overwrite directory '/user/softhk/student2'
row format delimited fields terminated by '\t'
select * from student;
```

（2）get 导出。

```
dfs - get/user/hive/warehouse/student/student. txt
/opt/module/datas/export/student3. txt;
```

（3）Hive Shell 命令导出。

```
hive - e 'select * from student;'>
/opt/module/hive/datas/export/student4. txt;
```

（4）Export导出。

```
export table default.student to
'/user/hive/warehouse/export/student';
```

（5）Sqoop导出。

Sqoop导出用于将Hive数据导出到本地的关系型数据库中。

```
$ bin/sqoop export \
--connect jdbc:mysql://hadoop100:3306/company \
--username root \
--password 123456 \
--table staff \
--export-dir /user/company \
--input-fields-terminated-by "\t" \
--num-mappers 1
```

参数解释说明如下。

1）--direct：利用数据库自带的导入导出工具，以便提高效率。

2）--export-dir <dir>：存放数据的HDFS的源目录。

3）-m或--num-mappers <n>：启动N个map来并行导入数据，默认4个。

4）--table <table-name>：指定导出到哪个RDBMS中的表。

5）--update-key <col-name>：对某一列的字段进行更新操作。

6）--update-mode <mode>updateonly（默认）：
allowinsert。

7）--input-null-string <null-string>：请参考import该类似参数说明。

8）--input-null-non-string <null-string>：请参考import该类似参数说明。

9）--staging-table <staging-table-name>：创建一张临时表，用于存放所有事务的结果，然后将所有事务结果一次性导入目标表中，防止出错。

10）--clear-staging-table：如果第9个参数非空，则可以在导出操作执行前清空临时事务结果表。

通过学习数据的导入和导出操作，我们可以更好地了解Hive中数据的操作方式，促进合理的数据存储和使用。接下来，我们结合具体案例，帮助大家更好地理解这些操作的实际应用场景。

三、任务实现

（一）数据导入

使用company_db数据库，将数据导入dept和staff表中。具体代码如下。

使用load将数据导入dept：

```
load data local inpath '/opt/module/datas/dept.txt' into table dept;
```

使用load将数据导入staff：

```
load data local inpath '/opt/module/datas/staff.txt' into table staff;
```

分别查询数据是否导入：

```
select * from dept;
select * from staff;
```

结果如图 3-9 所示。

```
hive> select * from dept;
OK
1       销售部   办公一区
2       开发部   开发一区
3       人事部   办公二区
4       法律部   办公三区
5       财务部   办公四区
```

```
hive> select * from staff;
OK
10021   陆××   软件开发工程师   12000.0 2   男   2023-07-21
10022   张××   法务总监   15000.0 4   男   2023-07-11
10023   李××   大数据开发工程师   13000.0 2   男   2023-07-10
10024   刘××   数据分析师   11500.0 2   女   2022-06-21
10025   赵××   公司律师   11000.0 5   女   2022-03-21
10026   陈××   销售专员   9000.0  1   男   2021-05-21
10027   吴××   人力资源经理   9000.0  3   男   2021-05-20
10028   郑××   招聘经理   6000.0  3   女   2020-09-21
10029   孙××   会计经理   9000.0  5   女   2020-03-21
10030   王××   财务总监   18000.0 5   男   2020-05-21
Time taken: 0.256 seconds, Fetched: 10 row(s)
```

图 3-9　部门表和员工表信息

（二）数据导出

1）将表中数据导出到本地/opt/module/datas 目录下，用 dept _ out 接收，要求使用'\ t'作为分隔符。

部门表：

```
insert overwrite local directory '/opt/module/datas/dept_out'
row format delimited fields terminated by '\t'
select * from dept;
```

员工表：

```
insert overwrite local directory '/opt/module/datas/staff_out'
row format delimited fields terminated by '\t'
select * from staff;
```

查看导出执行结果，如图 3-10 所示。

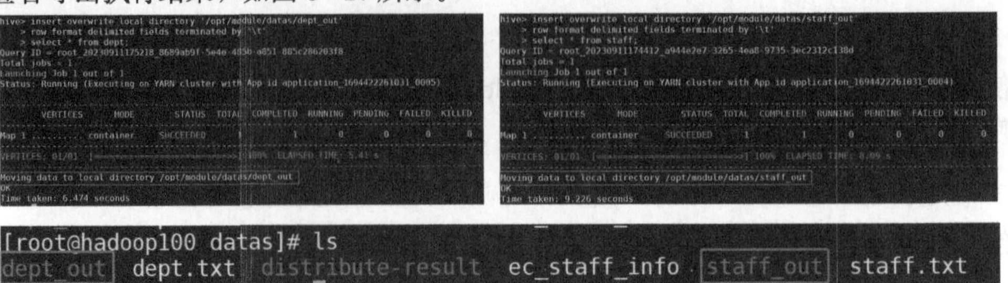

图 3-10　部门表和员工表导出执行图

2）同步将表中数据导出到 HDFS。

将部门表导出到 HDFS/user/hive/warehouse/export/目录下，使用 dept _ out 进行接收：

```
export table dept to '/user/hive/warehouse/export/dept_out';
```

将员工表导出到 HDFS/user/hive/warehouse/export/目录下，使用 staff _ out 进行接收：

```
export table staff to '/user/hive/warehouse/export/staff_out ';
```

执行结果如图 3 - 11 所示：

```
hive> export table dept to '/user/hive/warehouse/export/dept_out';
OK
Time taken: 0.65 seconds
hive> export table staff to '/user/hive/warehouse/export/staff_out ';
OK
Time taken: 0.533 seconds
```

图 3 - 11 部门表和员工表执行结果图

四、 拓展知识

华为云上的 Hive DML 提供了强大的数据操作和查询功能，除了基本的 DML 操作外，华为云还提供了一些拓展技能，以增强数据处理和查询的灵活性和性能。

Hive DML 允许用户执行数据写入和更新操作。用户可以使用 INSERT 语句将数据加载到表中，也可以使用 UPDATE 语句来修改表中的数据。这些操作使用户能够更好地管理和维护数据。

华为云的 Hive DML 引入了向量化查询处理，这是一种高效的查询执行方式，它允许对一组数据进行批处理，而不是逐行处理。这提高了查询性能，并降低了查询成本。

五、 练习测验

（一） 单选题

1. 在 Hive DML 中，如何将数据从本地文件系统导入到 Hive 表中？（ ）

A. IMPORT TABLE table _ name FROM '/path'

B. INSERT INTO table _ name SELECT * FROM'/path'

C. LOAD DATA INPATH '/path' INTO TABLE table _ name

D. COPY FROM '/path'TO TABLE table _ name

2. 下面哪个选项用于将 Hive 表中的数据导出到本地文件系统？（ ）

A. EXPORT TABLE table _ name TO '/path'

B. INSERT INTO table _ name SELECT * FROM '/path'

C. COPY FROM table _ name TO '/path'

D. UNLOAD DATA FROM table _ name TO '/path'

3. 在 Hive DML 中，如何将查询结果导出到本地文件系统？（ ）

A. EXPORT QUERY 'SELECT * FROM table _ name' TO '/path'

B. INSERT INTO table _ name SELECT * FROM '/path'

C. COPY QUERY 'SELECT * FROMtable _ name' TO '/path'

D. INSERT OVER WRITE LOCAL DIRECTORY '/path' SELECT * FROMtable _ name

4. 如何将 Hive 表的数据导入到另一个 Hive 表中？（　　）

A. IMPORT TABLE target _ table FROM source _ table

B. INSERT INTO target _ table SELECT * FROM source _ table

C. COPY FROM source _ table TO target _ table

D. LOAD DATA INPATH source _ table INTO TABLE target _ table

5. 在 Hive DML 中，如何将 Hive 表的数据导出为 CSV 格式？（　　）

A. EXPORT TABLE table _ name TO '/path' WITH FORMAT CSV

B. INSERT INTO table _ name SELECT * FROM '/path' WITH FORMAT CSV

C. COPY FROM table _ name TO '/path' WITH FORMAT CSV

D. UNLOAD DATA FROM table _ name TO '/path' WITH FORMAT CSV

（二）判断题（正确的在括号内画“√”，错误的在括号内画“×”）

1. 在 Hive DML 中，使用 LOAD DATA INPATH 命令可以将本地文件系统中的数据导入到 Hive 表中。（　　）

2. 使用 EXPORT TABLE 命令可以将 Hive 表中的数据导出到本地文件系统。（　　）

3. INSERT INTO 命令可以将查询结果导出到本地文件系统。（　　）

4. 在 Hive DML 中，使用 COPY FROM 命令可以将一个 Hive 表的数据导入另一个 Hive 表中。（　　）

5. 可以使用 EXPORT TABLE 命令将 Hive 表的数据导出为多种格式，如 CSV、JSON 等。（　　）

PART 4

项目四

Hive 数据智能探索

学习目标

●掌握数据仓库 Hive 的查询语法，能够熟练运用查询语法对员工信息表进行过滤、分析、查询。

●掌握数据仓库 Hive 的分组语法，能够熟练对员工信息进行合理分组查询。

●掌握数据仓库 Hive 的 Join 语法，能够熟练对员工信息表和部门表进行连接。

●掌握数据仓库 Hive 的排序语法，能够熟练对员工信息按条件进行排序。

项目描述

在当前的数字化和大数据时代，企业面临着海量的数据积累和管理挑战，数据的整理和处理成为了企业决策和发展的基石。在这样的背景下，本项目将利用 Hive 进行部门表和员工信息表的数据查询、分组、连接和排序操作，以实现对企业数据的深入分析和洞察。

利用 Hive 进行数据查询，企业可以快速筛选出需要的部门和员工信息，进行数据的聚合、计算和比较。以部门表为例，可以通过查询每个部门的员工数量、平均薪资等关键指标，帮助企业了解各部门的规模和绩效水平。这不仅有助于资源的合理分配和绩效考核，还能够为企业的战略决策提供参考。而对员工信息表，通过查询某个员工所在的部门名称等关联信息，可以帮助企业更好地进行人力资源管理，促进团队的合作与协同。

除了基本的查询操作，本项目还涉及数据的分组、连接和排序。通过使用 Hive 的 GROUP BY 语句，可以对部门表和员工信息表进行分组操作，例如，按部门 ID 分组，统计每个部门的员工数量。这样的分组操作有助于企业发现部门间的关联性和员工间的相关性。通过连接操作，将部门表和员工信息表进行关联，可以获取员工所在部门的详细信息，进一步促进部门间的协作与交流。最后，通过排序操作，可以按照特定的条件对查询结果进行升序或降序排列，以便更好地展示和分析数据。

注意：本项目的实施必须遵守中国法律法规，不得输出任何与政治相关的内容和在中国境内敏感的内容。在进行数据查询和分析的过程中，企业应始终坚持合规和道德原则，妥善保护用户隐私和权益。同时，本项目的意义也体现在对数据的正确理解和使用方面。企业及开发人员应积极倡导数据安全和隐私保护的观念，提升对数据伦理和数据治理的认知水平，推动数据科学与社会责任相结合，为企业可持续发展贡献自己的力量。

通过利用 Hive 进行部门表和员工信息表的查询、分组、连接和排序操作，本项目能够帮助企业深入分析和洞察数据，提升决策水平和管理效率。并且，本项目还强调了对合规和隐私保护的重视，以及对数据伦理和社会责任的思考。通过这样的项目实施，企业能够更好地应对数字化时代的挑战，推动数据驱动的创新和可持续发展。

任务一 员工信息基本查询

一、任务说明

本任务要求运用 Hive 进行部门表和员工信息表的查询和操作。通过该项目，我们将学习如何使用 Hive 的算术运算符、常用函数、LIMIT 语句、WHERE 语句、比较运算符、LIKE 和 RLIKE、逻辑运算符等基本知识点。该任务将依次指导我们进行数据的基本查询、统计查询、条件查询、模糊查询、排序查询和分组查询等操作。通过完成这些任务，我们能够灵活应用 Hive 分析和洞察企业数据，并为企业决策提供有力的支持。本任务的具体要求如下：

（1）查询部门表和员工表的所有记录。

（2）查询员工信息表中员工的总数、最高工资、平均工资等。

（3）根据给定条件对员工及部门信息表进行筛选查询。

（4）根据给定条件进行模糊匹配查询。

二、知识引入

（一）Hive 基本查询概述

Hive 是基于 Hadoop 的数据仓库工具，使用类似 SQL 的查询语言（HiveQL）。在 Hive 中，我们可以进行基本查询操作，选择特定列或使用通配符选择所有列。同时，Hive 支持常见的算术运算符（如加、减、乘、除）和内置函数（如求和、平均值、计数等），以便进行统计和数据处理。我们还可以使用 LIMIT 语句控制返回数据的行数，并通过 WHERE 语句添加筛选条件来过滤数据。比较运算符（如等于、大于、小于等）和逻辑运算符（如 AND、OR、NOT）可用于复杂的条件判断和数据筛选。此外，Hive 还提供了 LIKE 和 RLIKE 来进行模糊匹配和正则表达式匹配，尤其适用于处理字符串类型数据。掌握这些 Hive 查询的知识点，可以高效地分析和洞察大规模数据集，为企业决策提供有力的支持。

Hive 基本查询共计包含全表和特定列查询、列别名、算术运算符、常用函数、Limit 语句、Where 语句、比较运算符、Like 和 Rlike、逻辑运算符等九部分，详见图 4-1。

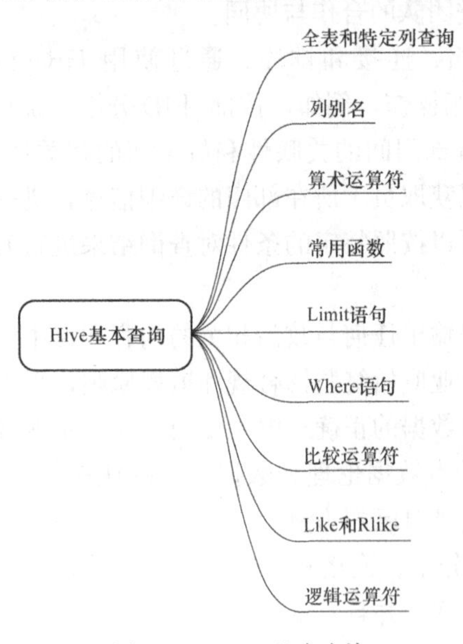

图 4-1 Hive 基本查询

（二）Hive 查询常用语法和操作

1. 全表和特定列查询

创建学生表。

学生数据见表 4-1、表 4-2。

表4-1 学生信息表

Id	Name	Sex	SchoolID	Class	Score
10001	××霸业	男	01	7	95
10002	××红红	女	02	5	100
10003	××淮竹	女	03	1	99
10004	××富贵	男	01	3	88
10005	××雅雅	女	02	1	85
10006	××月初	男	04	9	NULL

表4-2 学校信息表

SchoolID	School
01	××贵族中学
02	××中学
03	××悠悠中学

我们首先创建一个school数据库，使用该数据库，然后创建student表。

```
create database school; #创建 school 数据库

use school; #使用 school 数据库

create table if not exists student(
id int,
name string,
sex string,
schoolID int,
class int,
score double
)
row format delimited fields terminated by '\t';
```

创建school表：

```
create table if not exists school(
schoolID int,
school string
)
row format delimited fields terminated by '\t';
```

导入数据：

```
load data local inpath '/opt/module/datas/student.txt' into table student; #将数据导入 student 表中
load data local inpath '/opt/module/datas/school.txt' into table school; #将数据导入 school 表中
```

此处需注意原始数据需转换成文本格式，并且每列以“\ t”进行分割。

针对上述数据实现一些小案例：

案例 1：全表查询。

```
select * from student;
```

查询结果如图 4-2 所示。

```
hive> select * from student;
OK
10001	××霸业	男	1	7	95.0
10002	××红红	女	2	5	100.0
10003	××淮竹	女	3	1	99.0
10004	××富贵	男	1	3	88.0
10005	××雅雅	女	2	1	85.0
10006	××月初	男	4	9	NULL
Time taken: 2.31 seconds, Fetched: 6 row(s)
```

图 4-2　student 学生全部信息

案例 2：选择特定列查询。

```
select id,name from student;
```

查询结果如图 4-3 所示。

```
hive> select id,name from student;
OK
10001	××霸业
10002	××红红
10003	××淮竹
10004	××富贵
10005	××雅雅
10006	××月初
Time taken: 0.188 seconds, Fetched: 6 row(s)
```

图 4-3　student 特定列信息

注意：

1）SQL 语言大小写不敏感。

2）SQL 可以写在一行或者多行。

3）关键字不能被缩写，也不能分行。

4）各子句一般要分行写。

5）使用缩进提高语句的可读性。

2. 列别名查询

在查询时，为了方便计算及区分，通常给列定义一个别名，定义规则，别名紧跟列名，也可以在列名和别名之间加入关键字“as”。下面是一个小案例：

案例 1：查询名字和班级，并对这两列起别名。

```
select name as n, class c from student;
```

查询结果如图 4-4 所示。

```
hive> select name as n, class c from student;
OK
××霸业	7
××红红	5
××淮竹	1
××富贵	3
××雅雅	1
××月初	9
Time taken: 0.243 seconds, Fetched: 6 row(s)
```

图 4-4　student 特定列信息

3. 算术运算符

在进行基础查询时，时常会遇到对某一列或者某几列进行运算操作的场景，需要用到一些基本算术运算符，见表 4-3。

表 4-3　　算术运算符

运算符	描述	运算符	描述
A+B	A 和 B 相加	A&B	A 和 B 按位取与
A−B	A 减去 B	A | B	A 和 B 按位取或
A*B	A 和 B 相乘	A^B	A 和 B 按位取异或
A/B	A 除以 B	~A	A 按位取反
A%B	A 对 B 取余		

下面列举一个小案例帮助大家理解算术运算符的用法：

案例 1：给每个学生成绩加 5 分平时成绩分。

```
select score + 5 from student;
```

查询结果如图 4-5 所示。

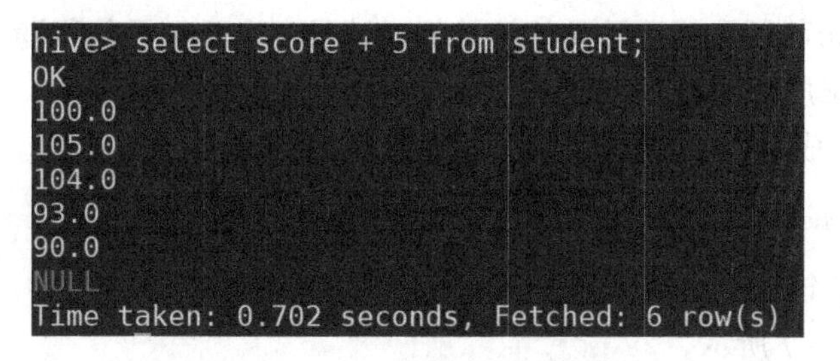

图 4-5　student 学生全部信息

4. 常用函数

在查询中，有时需要对某一列做整体求和、求平均值等操作，使用一些基础常用函数可以非常简单地完成这些操作。下面举一些案例方便大家理解：

案例 1：求总行数。

```
select count( * ) cnt from student;
```

案例 2：求成绩的最大值（max）。

```
select max(score) max_sco from student;
```

案例 3：求成绩的最小值（min）

```
select min(score) min_sco from student;
```

案例 4：求成绩的总和（sum）

```
select sum(score) sum_sco from student;
```

案例 5：求成绩的平均值（avg）

```
select avg(score) avg_sco from student;
```

5. limit 语句

典型的查询会返回多行的数据，通过 limit 子句可以限制返回指定行数的数据。下面通过一个案例加深大家的理解。

案例 1：查询 student 表中前 5 条数据。

```
select * from student limit 5;
```

limit 后跟要查询的数据条数。

查询结果如图 4-6 所示。

```
hive> select * from student limit 5;
OK
10001	××霸业	男	1	7	95.0
10002	××红红	女	2	5	100.0
10003	××淮竹	女	3	1	99.0
10004	××富贵	男	1	3	88.0
10005	××雅雅	女	2	1	85.0
Time taken: 0.224 seconds, Fetched: 5 row(s)
```

图 4-6 student 表中前 5 条数据

6. where 语句

通过 where 语句可以将不满足条件的数据过滤掉，where 子句紧随 from 子句。下面通过一个案例帮助大家加深理解。

案例 1：查询出成绩大于 95 的所有学生。

```
select * from student where score > 95;
```

注意：where 子句中不能使用字段别名。

查询结果如图 4-7 所示。

```
hive> select * from student where score > 95;
OK
10002	××红红	女	2	5	100.0
10003	××淮竹	女	3	1	99.0
Time taken: 0.286 seconds, Fetched: 2 row(s)
```

图 4-7 成绩大于 95 的所有学生

7. 比较运算符

在数据库的查询中，经常会只查询满足条件的数据，或者某个区间范围内的数据，借助比较运算符可以筛选出想要的数据。比较运算符详见表 4-4。

表 4-4　　　　比较运算符

操作符	支持的数据类型	描述
A=B	基本数据类型	如果 A 等于 B 则返回 TRUE，反之返回 FALSE
A<=>B	基本数据类型	如果 A 和 B 都为 NULL，则返回 TRUE，如果一边为 NULL，返回 False
A<>B，A! =B	基本数据类型	A 或者 B 为 NULL，则返回 NULL；如果 A 不等于 B，则返回 TRUE；反之，则返回 FALSE
A<B	基本数据类型	A 或者 B 为 NULL，则返回 NULL；如果 A 小于 B，则返回 TRUE；反之，则返回 FALSE
A<=B	基本数据类型	A 或者 B 为 NULL，则返回 NULL；如果 A 小于等于 B，则返回 TRUE；反之，则返回 FALSE
A>B	基本数据类型	A 或者 B 为 NULL，则返回 NULL；如果 A 大于 B，则返回 TRUE；反之，则返回 FALSE
A>=B	基本数据类型	A 或者 B 为 NULL，则返回 NULL；如果 A 大于等于 B，则返回 TRUE；反之，则返回 FALSE
A [NOT] BETWEEN B AND C	基本数据类型	如果 A、B 或者 C 任一为 NULL，则结果为 NULL。如果 A 的值大于等于 B 而且小于或等于 C，则结果为 TRUE；反之，则为 FALSE。如果使用 NOT 关键字，则可达到相反的效果
A IS NULL	所有数据类型	如果 A 等于 NULL，则返回 TRUE；反之，则返回 FALSE
A IS NOT NULL	所有数据类型	如果 A 不等于 NULL，则返回 TRUE；反之，则返回 FALSE
IN（数值 1，数值 2）	所有数据类型	使用 IN 运算显示列表中的值
A [NOT] LIKE B	STRING 类型	B 是一个 SQL 下的简单正则表达式，也称为通配符模式，如果 A 与其匹配的话，则返回 TRUE；反之，则返回 FALSE。B 的表达式说明如下：‘x%’表示 A 必须以字母‘x’开头，‘%x’表示 A 必须以字母‘x’结尾，而‘%x%’表示 A 包含有字母‘x’，可以位于开头，结尾或者字符串中间。如果使用 NOT 关键字，则可达到相反的效果
A RLIKE B，A REGEXP B	STRING 类型	B 是基于 Java 的正则表达式，如果 A 与其匹配，则返回 TRUE；反之，则返回 FALSE。匹配使用的是 JDK 中的正则表达式接口实现的，因为正则也依据其中的规则。例如，正则表达式必须和整个字符串 A 相匹配，而不是只与字符串匹配

下面我们通过一些案例加深对比较运算符的理解。

案例 1：查询出成绩等于 95 的所有学生。

```
select * from student where score = 95;
```

查询结果如图 4-8 所示。

```
hive> select * from student where score = 95;
OK
10001	××霸业	男	1	7	95.0
Time taken: 0.317 seconds, Fetched: 1 row(s)
```

图 4-8　成绩等于 95 的所有学生

案例 2：查询出成绩在 80～90 分的所有学生。

```
select * from student where score between 80 and 90;
```

查询结果如图 4-9 所示。

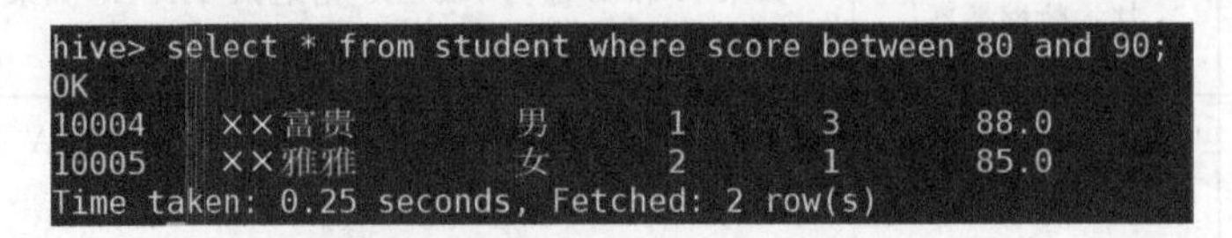

图 4-9　成绩在 80～90 分的所有学生

案例 3：查询出缺考的所有学生。

```
select * from student where score is null;
```

查询结果如图 4-10 所示。

```
hive> select * from student where score is null;
OK
10006    ××月初    男    4    9    NULL
Time taken: 0.165 seconds, Fetched: 1 row(s)
```

图 4-10　缺考的所有学生

案例 4：查询成绩在 98～100 分之间的所有学生。

```
select * from student where score in (100,98);
```

查询结果如图 4-11 所示。

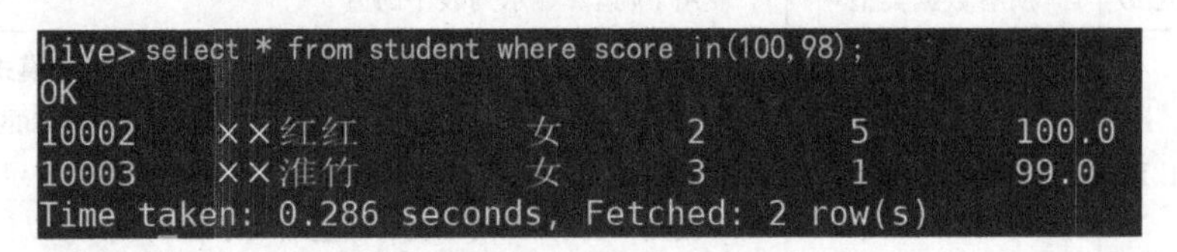

图 4-11　成绩是 100 分和 80 分的所有学生

8. like 和 rlike

在项目中时常会需要查询某一个系列的数据，这个时候需要用到模糊匹配查询，使用 like 运算选择类似的值，选择条件可以包含字符或数字。like 字符含义见表 4-5。

表 4-5　like 字符

符号	含义
%	代表零个或多个字符（任意个字符）
_	代表一个字符

rlike 子句是 Hive 中这个功能的一个扩展，其可以通过 Java 的正则表达式这个更强大的语言来指定匹配条件。

下面通过一些案例来加深大家的理解。

案例 1：查找成绩以 8 开头的学生信息。

```
select * from student where score like '8%';
```

查询结果如图 4-12 所示。

```
hive> select * from student where score like '8%';
OK
10004    ××富贵    男    1    3    88.0
10005    ××雅雅    女    2    1    85.0
Time taken: 0.244 seconds, Fetched: 2 row(s)
```

图 4-12　以 8 开头成绩的学生信息

案例 2：查找成绩的第二个数值为 5 的学生信息。

```
select * from student where score like '_5%';
```

查询结果如图 4-13 所示。

```
hive> select * from student where score like '_5%';
OK
10001    ××霸业    男    1    7    95.0
10005    ××雅雅    女    2    1    85.0
Time taken: 0.187 seconds, Fetched: 2 row(s)
```

图 4-13　第二个数值为 5 的成绩的学生信息

案例 3：查找名字中含有涂山的学生信息，只能判断字符串。

```
select * from student where name rlike '[涂山]';
```

查询结果如图 4-14 所示。

```
hive> select * from student where name RLIKE '[涂山]';
OK
10002    ××红红    女    2    5    100.0
10005    ××雅雅    女    2    1    85.0
Time taken: 0.208 seconds, Fetched: 2 row(s)
```

图 4-14　名字中含有涂山的学生信息

9. 逻辑运算符

通常，逻辑运算符用于多个条件判断，对数据进行筛选。常用逻辑运算符见表 4-6。

表 4-6　逻辑运算符

操作符	含义
AND	逻辑并
OR	逻辑或
NOT	逻辑否

下面通过一些案例对上述运算符加以理解。

案例 1：查询成绩大于 80，班级是 1 班的学生信息。

```
select * from student where score > 80 and class = '1';
```

查询结果如图 4-15 所示。

```
hive> select * from student where score > 80 and class = '1';
OK
10003   ××淮竹    女    3    1    99.0
10005   ××雅雅    女    2    1    85.0
Time taken: 0.15 seconds, Fetched: 2 row(s)
```

图 4-15　名字中含有涂山的学生信息

案例 2：查询成绩大于 80，或者班级是 1 班的学生信息。

```
select * from student where score > 80 or class = '1';
```

查询结果如图 4-16 所示。

```
hive> select * from student where score > 80 or class = '1';
OK
10001   ××霸业    男    1    7    95.0
10002   ××红红    女    2    5    100.0
10003   ××淮竹    女    3    1    99.0
10004   ××富贵    男    1    3    88.0
10005   ××雅雅    女    2    1    85.0
Time taken: 0.147 seconds, Fetched: 5 row(s)
```

图 4-16　成绩大于 80 或者班级是 1 班的学生信息

案例 3：查询除了 1 班和 3 班以外的学生信息。

```
select * from student where class not in('1', '3');
```

查询结果如图 4-17 所示。

```
hive> select * from student where class not in('1', '3');
OK
10001   ××霸业    男    1    7    95.0
10002   ××红红    女    2    5    100.0
10006   ××月初    男    4    9    NULL
Time taken: 0.159 seconds, Fetched: 3 row(s)
```

图 4-17　除了 1 班和 3 班以外的学生信息

通过学习数据库的常用语法，可以更好地了解 Hive 中数据的操作方式，促进合理的数据筛选。接下来，我们结合具体案例，帮助大家在实际应用场景中更好地理解这些操作。

三、任务实现

（一）员工信息基本查询

查询部门表的所有记录。

```
select * from dept;
```

查询员工表的所有记录：

```
select * from staff;
```

结果如图 4-18 所示。

（二）员工信息统计查询

（1）查询员工信息表中的员工总数。

```
select count(*) count from staff;
```

```
hive> select * from dept;
OK
1       销售部  办公一区
2       开发部  开发一区
3       人事部  办公二区
4       法律部  办公三区
5       财务部  办公四区
```

```
hive> select * from staff;
OK
10021   陆××    软件开发工程师  12000.0 2       男      2023-07-21
10022   张××    法务总监        15000.0 4       男      2023-07-11
10023   李××    大数据开发工程师        13000.0 2       男      2023-07-10
10024   刘××    数据分析师      11500.0 2       女      2022-06-21
10025   赵××    公司律师        11000.0 5       女      2022-03-21
10026   陈××    销售专员        9000.0  1       男      2021-05-21
10027   吴××    人力资源经理    9000.0  3       男      2021-05-20
10028   郑××    招聘经理        6000.0  3       女      2020-09-21
10029   孙××    会计经理        9000.0  5       女      2020-03-21
10030   王××    财务总监        18000.0 5       男      2020-05-21
Time taken: 0.196 seconds, Fetched: 10 row(s)
```

图 4-18　部门 & 员工信息表

查询结果如图 4-19 所示。

```
hive> select count(*) count from staff;
Query ID = root_20230912134548_7831088e-5426-4483-b50c-82785aaad54d
Total jobs = 1
Launching Job 1 out of 1
Status: Running (Executing on YARN cluster with App id application_1694422261031_0008)

----------------------------------------------------------------------------------------------
        VERTICES      MODE        STATUS  TOTAL  COMPLETED  RUNNING  PENDING  FAILED  KILLED
----------------------------------------------------------------------------------------------
Map 1 .......... container     SUCCEEDED      1          1        0        0       0       0
Reducer 2 ...... container     SUCCEEDED      1          1        0        0       0       0
----------------------------------------------------------------------------------------------
VERTICES: 02/02  [==========================>>] 100%  ELAPSED TIME: 7.15 s
----------------------------------------------------------------------------------------------
OK
10
Time taken: 7.951 seconds, Fetched: 1 row(s)
```

图 4-19　员工总数

(2) 查询员工信息表中的最高工资。

```
select max(salary) max_salary from staff;
```

查询结果如图 4-20 所示。

```
hive> select max(salary) max_salary from staff;
Query ID = root_20230912134749_7fc2835b-2121-47c5-b8cb-ffc91e82948e
Total jobs = 1
Launching Job 1 out of 1
Status: Running (Executing on YARN cluster with App id application_1694422261031_0008)

----------------------------------------------------------------------------------------------
        VERTICES      MODE        STATUS  TOTAL  COMPLETED  RUNNING  PENDING  FAILED  KILLED
----------------------------------------------------------------------------------------------
Map 1 .......... container     SUCCEEDED      1          1        0        0       0       0
Reducer 2 ...... container     SUCCEEDED      1          1        0        0       0       0
----------------------------------------------------------------------------------------------
VERTICES: 02/02  [==========================>>] 100%  ELAPSED TIME: 6.68 s
----------------------------------------------------------------------------------------------
OK
18000.0
Time taken: 7.846 seconds, Fetched: 1 row(s)
```

图 4-20　员工最高薪资

(3) 查询员工信息表中的平均工资。

```
select avg(salary) avg_salary from staff;
```

查询结果如图 4-21 所示。

```
hive> select avg(salary) avg_salary from staff;
Query ID = root_20230912134840_daf263be-a704-4d7c-923c-dfbad88e36a6
Total jobs = 1
Launching Job 1 out of 1
Status: Running (Executing on YARN cluster with App id application_1694422261031_0008)

----------------------------------------------------------------------------------------------
        VERTICES      MODE        STATUS  TOTAL  COMPLETED  RUNNING  PENDING  FAILED  KILLED
----------------------------------------------------------------------------------------------
Map 1 .......... container     SUCCEEDED      1          1        0        0       0       0
Reducer 2 ...... container     SUCCEEDED      1          1        0        0       0       0
----------------------------------------------------------------------------------------------
VERTICES: 02/02  [==========================>>] 100%  ELAPSED TIME: 7.08 s
----------------------------------------------------------------------------------------------
OK
11350.0
Time taken: 8.033 seconds, Fetched: 1 row(s)
```

图 4-21　员工平均薪资

（4）现给每个员工涨薪 1000 元，查询涨薪后的每个员工的薪资。

```
select salary +1000  from staff;
```

查询结果如图 4-22 所示。

```
hive> select salary + 1000  from staff;
OK
13000.0
16000.0
14000.0
12500.0
12000.0
10000.0
10000.0
7000.0
10000.0
19000.0
Time taken: 0.184 seconds, Fetched: 10 row(s)
```

图 4-22　员工涨薪后的薪资水平

（三）员工信息条件查询

（1）查询工资高于 5000 元的员工信息。

```
select * from staff where salary > 5000;
```

查询结果如图 4-23 所示。

```
hive> select * from staff where salary > 5000;
OK
10021   陆××   软件开发工程师   12000.0 2       男      2023-07-21
10022   张××   法务总监         15000.0 4       男      2023-07-11
10023   李××   大数据开发工程师         13000.0 2       男      2023-07-10
10024   刘××   数据分析师       11500.0 2       女      2022-06-21
10025   赵××   公司律师         11000.0 5       女      2022-03-21
10026   陈××   销售专员         9000.0  1       男      2021-05-21
10027   吴××   人力资源经理     9000.0  3       男      2021-05-20
10028   郑××   招聘经理         6000.0  3       女      2020-09-21
10029   孙××   会计经理         9000.0  5       女      2020-03-21
10030   王××   财务总监         18000.0 5       男      2020-05-21
Time taken: 0.16 seconds, Fetched: 10 row(s)
```

图 4-23　薪资高于 5000 元的员工信息

（2）查询部门 ID 为 05 的员工信息。

```
select * from staff where deptno = 05;
```

查询结果如图 4-24 所示。

```
hive> select * from staff where deptno = 05;
OK
10025   赵××    公司律师        11000.0 5       女      2022-03-21
10029   孙××    会计经理        9000.0  5       女      2020-03-21
10030   王××    财务总监        18000.0 5       男      2020-05-21
Time taken: 0.162 seconds, Fetched: 3 row(s)
```

图 4-24 部门 ID 为 05 的员工信息

(3) 查询工资在 4000～10000 元的员工信息。

```
select * from staff where salary between 4000 and 10000;
```

查询结果如图 4-25 所示。

```
hive> select * from staff where salary between 4000 and 10000;
OK
10026   陈××    销售专员        9000.0  1       男      2021-05-21
10027   吴××    人力资源经理    9000.0  3       男      2021-05-20
10028   郑××    招聘经理        6000.0  3       女      2020-09-21
10029   孙××    会计经理        9000.0  5       女      2020-03-21
Time taken: 0.159 seconds, Fetched: 4 row(s)
```

图 4-25 薪资 4000～10000 元的员工信息

(4) 查询薪资在 10000 元以上并且性别为女的员工信息。

```
select * from staff where salary > 10000 and sex =  '女';
```

查询结果如图 4-26 所示。

```
hive> select * from staff where salary > 10000 and sex =  '女';
OK
10024   刘××    数据分析师      11500.0 2       女      2022-06-21
10025   赵××    公司律师        11000.0 5       女      2022-03-21
Time taken: 0.153 seconds, Fetched: 2 row(s)
```

图 4-26 薪资在 10000 元以上且性别为女的员工信息

(四) 员工信息模糊查询

(1) 查询员工姓名以“张”开头的员工信息。

```
select * from staff where ename like '张%';
```

查询结果如图 4-27 所示。

```
hive> select * from staff where ename like '张%';
OK
10022   张××    法务总监        15000.0 4       男      2023-07-11
Time taken: 0.131 seconds, Fetched: 1 row(s)
```

图 4-27 “张”姓员工信息

(2) 查询员工姓名包含“小”的员工信息。

```
select * from staff where ename like  '%小%';
```

查询结果如图 4-28 所示。

```
hive> select * from staff where ename like '%小%';
OK
10021   陆××   软件开发工程师  12000.0 2      男      2023-07-21
10029   孙××   会计经理       9000.0  5      女      2020-03-21
10030   王××   财务总监       18000.0 5      男      2020-05-21
Time taken: 0.15 seconds, Fetched: 3 row(s)
```

图 4-28 名字包含“小”的员工薪资

四、练习测验

（一）单选题

1. 在 Hive 中，以下哪个运算符用于对两个数值进行相除？（　　）

A. ＋　　B. —　　C. *　　D. /

2. 在 Hive 中，以下哪个函数用于返回一列中的唯一值？（　　）

A. COUNT　　B. SUM　　C. AVG　　D. DISTINCT

3. 下面的 Hive 查询语句会返回几行数据？（　　）

```
SELECT * FROM 表名 LIMIT 10;
```

A. 0 行　　B. 10 行　　C. 所有行　　D. 运行出错

4. 在 Hive 中，以下哪个关键字用于添加筛选条件？（　　）

A. HAVING　　B. WHERE　　C. FILTER　　D. SELECT

5. 在 Hive 中，以下哪个比较运算符用于比较两个值是否相等？（　　）

A. ＝　　B. ！＝　　C. ＞　　D. ＜＞

（二）判断题（正确的在括号内画“√”，错误的在括号内画“×”）

1. 在 Hive 中，LIKE 关键字用于进行模糊匹配。（　　）

2. 在 Hive 中，RLIKE 关键字用于进行正则表达式匹配。（　　）

3. 在 Hive 中，逻辑运算符 NOT 用于对条件进行取反。（　　）

4. 在 Hive 中，AND 运算符用于将多个条件组合起来，要求所有条件都满足。（　　）

5. 在 Hive 中，OR 运算符用于将多个条件组合起来，只需要满足其中一个条件即可。（　　）

任务二　员工信息高级查询

一、任务说明

通过对数据分组，可以对数据进行分类查询，以便有效地提高查询效率，同时对分完组的数据进行排序可以有效地得到某个目标值排名靠前的员工信息。本任务的具体要求如下。

（1）对部门表和员工表进行 join，以便完成后续任务。

（2）根据指定条件对员工信息表进行分组查询。

（3）根据指定条件对部门的员工进行合理排序。

二、知识引入

（一）Hive 高级查询概述

1. 分组查询

在海量数据的处理中，聚合操作是一项基本而重要的任务。Hive 分组功能便是在此背景下应运而生的。分组操作可以将有相同键值的数据集中在一起进行处理，以此实现对数据的聚合。Hive 提供了丰富的聚合函数，如 COUNT、SUM、AVG 等，通过分组与聚合操作，我们可以轻松地获取各种统计指标和汇总信息。

对于社会主义建设来说，中国特色社会主义道路是中国人民经过长期探索和实践的伟大创造，同样 Hive 分组操作的背后也需要我们尊重和遵循一定的规则与价值观念。在进行数据分组时，可以借鉴社会主义核心价值观的思想，注重公平、公正和共享。通过合理的分组方式和公正的聚合操作，可以实现对数据资源的合理分配和共享，充分发挥数据的社会效益。

2. 排序查询

在海量数据中查找特定信息时，排序操作是必不可少的。Hive 排序功能可以按照指定的字段或表达式对数据进行排序，以便更好地组织和管理数据。通过排序操作，我们可以将数据按照一定的规则排列，形成清晰的有序结构，便于后续的分析和应用。

然而，排序不仅仅是对数据的整理，还承载着一种对秩序和规则的追求。社会主义建设强调的正是秩序和规则，在当代中国，秩序既体现在社会生活中的各方面，也体现在科技创新与管理中。在进行排序时，我们需要遵循一定的规则和价值观念，注重公平、公正和效率。通过合理的排序方式和科学的排序算法，我们可以真正发掘数据的内在价值，为社会管理和决策提供有力的支持。

3. join 拼接查询

Hive 中的 join 是一种将多个表合并在一起的操作，通过连接条件建立不同表之间的关联关系。它支持多种类型的 join 操作，如内连接、左外连接、右外连接和全外连接。join 语法使用 JOIN 关键字，并提供连接条件来指定要连接的表。连接条件可以使用等值连接或其他逻辑运算符来定义。除了连接两个表，Hive 还支持连接多个表，可以使用多个 JOIN 子句来连接每个表，并提供相应的连接条件。join 操作在数据处理和分析中非常常见，能够帮助我们根据不同表之间的关联关系进行数据的查询和分析。

Hive 分组支持 Group by 和 Having 两种语法；排序包含全局排序、局部排序及分区排序等；join 包含内连接、外连接、多表连接等，详见图 4-29。

（二）Hive 高级查询常用语法

1. 分组

（1）group by 语句。

通常 group by 语句会和聚合函数一起使用，按照一个或者多个列队结果进行分组，然后对每个组执行聚合操作。

案例 1：计算 student 表中每个学校的平均分数。

```
select t.school, avg(t.score) avg_sal from student t group by t.schoolID;
```

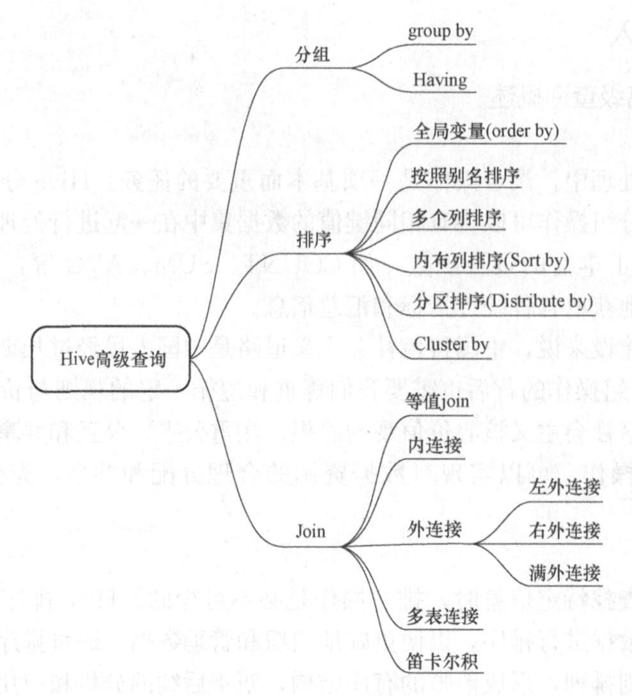

图 4-29　Hive 高级查询

查询结果如图 4-30 所示。

```
hive> select t.schoolID, avg(t.score) avg_sal from student t group by t.schoolID;
Query ID = root_20230912135958_c8a425a6-f7c7-4ec1-a229-592c0428e4ca
Total jobs = 1
Launching Job 1 out of 1
Status: Running (Executing on YARN cluster with App id application_1694422261031_0009)

----------------------------------------------------------------------------------------------
        VERTICES      MODE        STATUS  TOTAL  COMPLETED  RUNNING  PENDING  FAILED  KILLED
----------------------------------------------------------------------------------------------
Map 1 .......... container     SUCCEEDED      1          1        0        0       0       0
Reducer 2 ...... container     SUCCEEDED      1          1        0        0       0       0
----------------------------------------------------------------------------------------------
VERTICES: 02/02  [==========================>>] 100%  ELAPSED TIME: 1.19 s
----------------------------------------------------------------------------------------------
OK
1       91.5
2       92.5
3       99.0
4       NULL
Time taken: 2.228 seconds, Fetched: 4 row(s)
```

图 4-30　每个学校的平均分数

案例 2：计算 student 每个学校中每个班级的最高成绩。

```
select t. schoolID, t. class, max(score) max_score from student t group by t. schoolID, t. class;
```

查询结果如图 4-31 所示。

（2）having 语句。

在 Hive 中，having 是一个与 group by 语句配合使用的关键字，用于在分组后对分组结果进行筛选。having 子句可以根据指定的条件过滤掉不符合条件的分组结果。

having 与 where 不同在于，where 后面不能写分组函数，而 having 后面可以使用分组函数；having 只能用于 group by 分组统计语句。

```
hive> select t.schoolID, t.class, max(score) max_score from student t group by
    > t.schoolID, t.class;
Query ID = root_20230912140226_11783d5e-0c76-4e63-b61c-a29c96373ebe
Total jobs = 1
Launching Job 1 out of 1
Status: Running (Executing on YARN cluster with App id application_1694422261031_0009)

----------------------------------------------------------------------------------------------
        VERTICES      MODE        STATUS  TOTAL  COMPLETED  RUNNING  PENDING  FAILED  KILLED
----------------------------------------------------------------------------------------------
Map 1 .......... container     SUCCEEDED      1          1        0        0       0       0
Reducer 2 ...... container     SUCCEEDED      1          1        0        0       0       0
----------------------------------------------------------------------------------------------
VERTICES: 02/02  [==========================>>] 100%  ELAPSED TIME: 6.26 s
----------------------------------------------------------------------------------------------
OK
1       3       88.0
1       7       95.0
2       1       85.0
2       5       100.0
3       1       99.0
4       9       NULL
Time taken: 7.231 seconds, Fetched: 6 row(s)
```

图 4-31 每个学校中每个班级的最高成绩

案例 3：查询平均成绩大于 80 分的班级。

```
select class, avg(score) avg_score from student group by class having avg_score > 80;
```

查询结果如图 4-32 所示。

```
hive> select class, avg(score) avg_score from student group by class having avg_score > 80;
Query ID = root_20230912141345_b66fdb2a-04aa-4674-99c5-4210f3a20276
Total jobs = 1
Launching Job 1 out of 1
Status: Running (Executing on YARN cluster with App id application_1694422261031_0010)

----------------------------------------------------------------------------------------------
        VERTICES      MODE        STATUS  TOTAL  COMPLETED  RUNNING  PENDING  FAILED  KILLED
----------------------------------------------------------------------------------------------
Map 1 .......... container     SUCCEEDED      1          1        0        0       0       0
Reducer 2 ...... container     SUCCEEDED      1          1        0        0       0       0
----------------------------------------------------------------------------------------------
VERTICES: 02/02  [==========================>>] 100%  ELAPSED TIME: 8.15 s
----------------------------------------------------------------------------------------------
OK
1       92.0
3       88.0
5       100.0
7       95.0
Time taken: 9.628 seconds, Fetched: 4 row(s)
```

图 4-32 平均成绩大于 80 分的班级

2. 排序

在 Hive 中，排序是一种对数据进行有序排列的操作。Hive 提供了多种排序功能和语法，以满足不同的排序需求。

(1) 全局排序。

全局排序使用 order by，只有一个 reducer。使用 order by 子句排序时，默认为升序，即 asc，若想降序可使用 desc。order by 子句在 select 语句的结尾。

1) 查询学生信息按成绩升序排序。

```
select * from student order by score;
```

查询结果如图 4-33 所示。

2) 查询学生信息按成绩降序排序。

```
select * from student order by score desc;
```

查询结果如图 4 - 34 所示。

```
hive> select * from student order by score;
Query ID = root_20230912153450_8aebcb1f-706b-41ac-9f29-87889e701787
Total jobs = 1
Launching Job 1 out of 1
Status: Running (Executing on YARN cluster with App id application_1694422261031_0011)

----------------------------------------------------------------------------------------------
        VERTICES      MODE        STATUS  TOTAL  COMPLETED  RUNNING  PENDING  FAILED  KILLED
----------------------------------------------------------------------------------------------
Map 1 .......... container     SUCCEEDED      1          1        0        0       0       0
Reducer 2 ...... container     SUCCEEDED      1          1        0        0       0       0
----------------------------------------------------------------------------------------------
VERTICES: 02/02  [==========================>>] 100%  ELAPSED TIME: 0.74 s
----------------------------------------------------------------------------------------------
OK
10006	××月初	男	4	9	NULL
10005	××雅雅	女	2	1	85.0
10004	××富贵	男	1	3	88.0
10001	××霸业	男	1	7	95.0
10003	××淮竹	女	3	1	99.0
10002	××红红	女	2	5	100.0
Time taken: 1.553 seconds, Fetched: 6 row(s)
```

图 4 - 33　学生信息按成绩升序排序

```
hive> select * from student order by score desc;
Query ID = root_20230912153803_58bc36e1-530a-45fd-bb9e-8e25f0a5bda7
Total jobs = 1
Launching Job 1 out of 1
Status: Running (Executing on YARN cluster with App id application_1694422261031_0011)

----------------------------------------------------------------------------------------------
        VERTICES      MODE        STATUS  TOTAL  COMPLETED  RUNNING  PENDING  FAILED  KILLED
----------------------------------------------------------------------------------------------
Map 1 .......... container     SUCCEEDED      1          1        0        0       0       0
Reducer 2 ...... container     SUCCEEDED      1          1        0        0       0       0
----------------------------------------------------------------------------------------------
VERTICES: 02/02  [==========================>>] 100%  ELAPSED TIME: 6.27 s
----------------------------------------------------------------------------------------------
OK
10002	××红红	女	2	5	100.0
10003	××淮竹	女	3	1	99.0
10001	××霸业	男	1	7	95.0
10004	××富贵	男	1	3	88.0
10005	××雅雅	女	2	1	85.0
10006	××月初	男	4	9	NULL
Time taken: 7.132 seconds, Fetched: 6 row(s)
```

图 4 - 34　学生信息按成绩降序排序

3）查询学生信息按成绩降序排序，并取成绩排名前两位的学生信息。

```
select * from student order by score desc limit 2;
```

查询结果如图 4 - 35 所示。

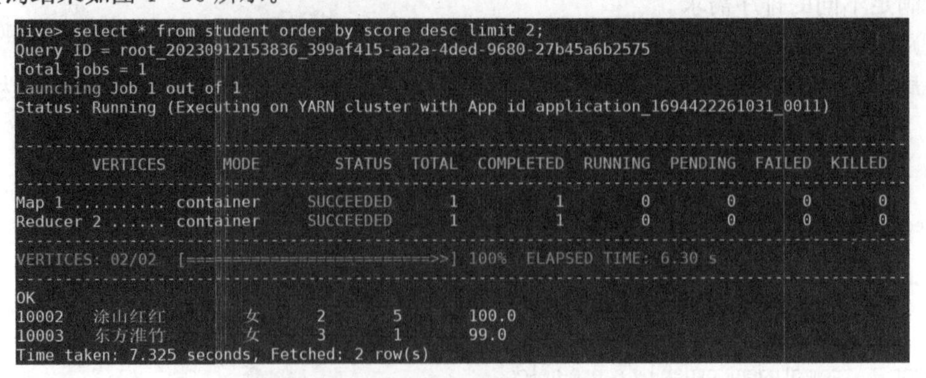

```
hive> select * from student order by score desc limit 2;
Query ID = root_20230912153836_399af415-aa2a-4ded-9680-27b45a6b2575
Total jobs = 1
Launching Job 1 out of 1
Status: Running (Executing on YARN cluster with App id application_1694422261031_0011)

----------------------------------------------------------------------------------------------
        VERTICES      MODE        STATUS  TOTAL  COMPLETED  RUNNING  PENDING  FAILED  KILLED
----------------------------------------------------------------------------------------------
Map 1 .......... container     SUCCEEDED      1          1        0        0       0       0
Reducer 2 ...... container     SUCCEEDED      1          1        0        0       0       0
----------------------------------------------------------------------------------------------
VERTICES: 02/02  [==========================>>] 100%  ELAPSED TIME: 6.30 s
----------------------------------------------------------------------------------------------
OK
10002	涂山红红	女	2	5	100.0
10003	东方淮竹	女	3	1	99.0
Time taken: 7.325 seconds, Fetched: 2 row(s)
```

图 4 - 35　成绩排名前两位的学生信息

（2）按照别名排序。

按照学生成绩的 2 倍排序。

```
select name,score * 2 twosco from student order by twosco;
```

查询结果如图 4-36 所示。

```
hive> select name, score*2 twosco from student order by twosco;
Query ID = root_20230912153957_b8d141ca-c7ad-46f3-92bf-b83139ed486d
Total jobs = 1
Launching Job 1 out of 1
Status: Running (Executing on YARN cluster with App id application_1694422261031_0011)

----------------------------------------------------------------------------------------------
        VERTICES      MODE        STATUS  TOTAL  COMPLETED  RUNNING  PENDING  FAILED  KILLED
----------------------------------------------------------------------------------------------
Map 1 .......... container     SUCCEEDED      1          1        0        0       0       0
Reducer 2 ...... container     SUCCEEDED      1          1        0        0       0       0
----------------------------------------------------------------------------------------------
VERTICES: 02/02  [==========================>>] 100%  ELAPSED TIME: 7.59 s
----------------------------------------------------------------------------------------------
OK
 ××月初        NULL
 ××雅雅        170.0
 ××富贵        176.0
 ××霸业        190.0
 ××淮竹        198.0
 ××红红        200.0
Time taken: 8.503 seconds, Fetched: 6 row(s)
```

图 4-36　学生成绩的 2 倍排序

（3）多个列排序。

按照班级和成绩升序排序。

```
select name,class, score from student order by class, score;
```

查询结果如图 4-37 所示。

```
hive> select name, class, score from student order by class, score ;
Query ID = root_20230912154112_06113e46-5b17-4b53-8940-3320c4fe9f93
Total jobs = 1
Launching Job 1 out of 1
Status: Running (Executing on YARN cluster with App id application_1694422261031_0011)

----------------------------------------------------------------------------------------------
        VERTICES      MODE        STATUS  TOTAL  COMPLETED  RUNNING  PENDING  FAILED  KILLED
----------------------------------------------------------------------------------------------
Map 1 .......... container     SUCCEEDED      1          1        0        0       0       0
Reducer 2 ...... container     SUCCEEDED      1          1        0        0       0       0
----------------------------------------------------------------------------------------------
VERTICES: 02/02  [==========================>>] 100%  ELAPSED TIME: 7.03 s
----------------------------------------------------------------------------------------------
OK
 ××雅雅       1       85.0
 ××淮竹       1       99.0
 ××富贵       3       88.0
 ××红红       5       100.0
 ××霸业       7       95.0
 ××月初       9       NULL
Time taken: 7.939 seconds, Fetched: 6 row(s)
```

图 4-37　学生信息按班级和成绩升序排序

这里我们可以看到，优先按照把班级排序，班级相同的再按照成绩进行二级排序。

（4）sort by。

对于大规模的数据集 order by 的效率非常低。在很多情况下，并不需要全局排序，此时可以使用 sort by。

sort by 为每个 reducer 产生一个排序文件。每个 reducer 内部进行排序，对全局结果集来说不是排序。

1）设置 reduce 个数。

```
set mapreduce.job.reduces = 3;
```

2）查看设置 reduce 个数。

```
set mapreduce.job.reduces;
```

3）根据班级降序查看学生信息。

```
select * from student sort by class desc;
```

查询结果如图 4 - 38 所示。

```
hive> select * from student sort by class desc;
Query ID = root_20230912154911_ede888a1-4340-4770-94bf-661358b18752
Total jobs = 1
Launching Job 1 out of 1
Status: Running (Executing on YARN cluster with App id application_1694422261031_0012)

----------------------------------------------------------------------------------------------
        VERTICES      MODE        STATUS  TOTAL  COMPLETED  RUNNING  PENDING  FAILED  KILLED
----------------------------------------------------------------------------------------------
Map 1 ..........  container     SUCCEEDED      1          1        0        0       0       0
Reducer 2 ......  container     SUCCEEDED      3          3        0        0       0       0
----------------------------------------------------------------------------------------------
VERTICES: 02/02  [==========================>>] 100%  ELAPSED TIME: 0.92 s
----------------------------------------------------------------------------------------------
OK
10006   ××月初   男   4   9   NULL
10005   ××雅雅   女   2   1   85.0
10002   ××红红   女   2   5   100.0
10004   ××富贵   男   1   3   88.0
10003   ××淮竹   女   3   1   99.0
10001   ××霸业   男   1   7   95.0
Time taken: 1.61 seconds, Fetched: 6 row(s)
```

图 4 - 38　根据班级局部降序查看学生信息

4）将查询结果导入文件中（按照班级降序排序）。

```
insert overwrite local directory '/opt/module/datas/sortby-result'
select * from student sort by class desc;
```

导出结果如图 4 - 39 所示。

```
hive> insert overwrite local directory '/opt/module/datas/sortby-result'
    >  select * from student sort by class desc;
Query ID = root_20230912155608_8824081e-7daf-4c28-9fd5-3a2d2f584b28
Total jobs = 1
Launching Job 1 out of 1
Tez session was closed. Reopening...
Session re-established.
Session re-established.
Status: Running (Executing on YARN cluster with App id application_1694422261031_0013)

----------------------------------------------------------------------------------------------
        VERTICES      MODE        STATUS  TOTAL  COMPLETED  RUNNING  PENDING  FAILED  KILLED
----------------------------------------------------------------------------------------------
Map 1 ..........  container     SUCCEEDED      1          1        0        0       0       0
Reducer 2 ......  container     SUCCEEDED      3          3        0        0       0       0
----------------------------------------------------------------------------------------------
VERTICES: 02/02  [==========================>>] 100%  ELAPSED TIME: 8.62 s
----------------------------------------------------------------------------------------------
Moving data to local directory /opt/module/datas/sortby-result
OK
Time taken: 17.211 seconds
```

图 4 - 39　将查询结果导入文件

（5）分区排序。

分区排序使用 distribute by。在有些情况下，需要控制某个特定行应该到哪个 reducer，通常是为了进行后续的聚集操作。distribute by 子句可以做这件事。distribute by 类似 MR 中 partition（自定义分区）进行分区，结合 sort by 使用。

对于 distribute by 进行测试，一定要分配多 reduce 进行处理，否则无法看到 distribute by 的效果。

1）需先设置 reduce 个数为 3。

```
set mapreduce.job.reduces = 3;
```

2）先按照班级分区，再按照学生成绩降序排序。

```
insert overwrite local directory '/opt/module/datas/distribute-result' select * from student distribute by class sort by score desc;
```

导出结果如图 4-40 所示。

```
hive> insert overwrite local directory '/opt/module/datas/distribute-result' select * from stu
dent distribute by class sort by score desc;
Query ID = root_20230912170156_33ce3807-d2b1-483b-9c9b-e4c83cdaa71e
Total jobs = 1
Launching Job 1 out of 1
Tez session was closed. Reopening...
Session re-established.
Session re-established.
Status: Running (Executing on YARN cluster with App id application_1694422261031_0014)

----------------------------------------------------------------------------------------------
        VERTICES      MODE        STATUS  TOTAL  COMPLETED  RUNNING  PENDING  FAILED  KILLED
----------------------------------------------------------------------------------------------
Map 1 .......... container     SUCCEEDED      1          1        0        0       0       0
Reducer 2 ...... container     SUCCEEDED      3          3        0        0       0       0
----------------------------------------------------------------------------------------------
VERTICES: 02/02  [==========================>>] 100%  ELAPSED TIME: 6.86 s
----------------------------------------------------------------------------------------------
Moving data to local directory /opt/module/datas/distribute-result
OK
Time taken: 12.487 seconds
```

图 4-40　分区降序排序

注意：distribute by 的分区规则是根据分区字段的 hash 码与 reduce 的个数进行模除后，余数相同的分到一个区。

Hive 要求 distribute by 语句要写在 sort by 语句之前。

（6）cluster by。

当 distribute by 和 sorts by 字段相同时，可以使用 cluster by 方式。

cluster by 除了具有 distribute by 的功能外，还兼具 sort by 的功能。但是排序只能是升序排序，不能指定排序规则为 ASC 或者 DESC。详细语法如下：

```
select * from student cluster by class;
```

上述语法与下面写法等价：

```
select * from student distribute by class sort by class;
```

注意：按照班级分区，不一定是固定的数值，可以是 2 班和 3 班分到一个分区里面去。

3. join

在 Hive 中，排序是一种对数据进行有序排列的操作。Hive 提供了多种排序功能和语法，以满足不同的排序需求。

（1）等值 join。

Hive 支持通常的 SQL JOIN 语句，但是只支持等值连接，不支持非等值连接。

根据 student 表和 school 表中的学校编号相等，查询学生姓名，学校名称：

```
select s.name, h.school from student s join school h on s.schoolID = h.schoolID;
```

查询结果如图 4-41 所示。

```
hive> select s.name, h.school from student s join school h on s.schoolID = h.schoolID;
Query ID = root_20230912172558_175ffb35-3b30-4ec5-b0ce-aabaa862a8b4
Total jobs = 1
Launching Job 1 out of 1
Tez session was closed. Reopening...
Session re-established.
Session re-established.
Status: Running (Executing on YARN cluster with App id application_1694422261031_0015)

----------------------------------------------------------------------------------------------
        VERTICES      MODE        STATUS  TOTAL  COMPLETED  RUNNING  PENDING  FAILED  KILLED
----------------------------------------------------------------------------------------------
Map 2 .......... container     SUCCEEDED      1          1        0        0       0       0
Map 1 .......... container     SUCCEEDED      1          1        0        0       0       0
----------------------------------------------------------------------------------------------
VERTICES: 02/02  [==========================>>] 100%  ELAPSED TIME: 9.62 s
----------------------------------------------------------------------------------------------
OK
××红红          ××中学
××淮竹          ××中学
××雅雅          ××中学
××霸业          ××中学
××富贵          ××中学
Time taken: 19.474 seconds, Fetched: 5 row(s)
```

图 4-41　等值 join 查询学生信息

（2）表的别名。

使用表的别名可以简化查询，在复杂查询中，使用表名前缀可以提高执行效率。合并 student 表和 school 表，查询学生名称、学生成绩、学校信息。

```
select s.name,s.score,h.school from student s join school h on s.schoolID = h.schoolID;
```

查询结果如图 4-42 所示。

```
hive> select s.name,s.score,h.school from student s join school h on s.schoolID = h.schoolID;
Query ID = root_20230912173108_f3d513c0-80cf-49ba-a392-a1c9122a557d
Total jobs = 1
Launching Job 1 out of 1
Status: Running (Executing on YARN cluster with App id application_1694422261031_0015)

----------------------------------------------------------------------------------------------
        VERTICES      MODE        STATUS  TOTAL  COMPLETED  RUNNING  PENDING  FAILED  KILLED
----------------------------------------------------------------------------------------------
Map 2 .......... container     SUCCEEDED      1          1        0        0       0       0
Map 1 .......... container     SUCCEEDED      1          1        0        0       0       0
----------------------------------------------------------------------------------------------
VERTICES: 02/02  [==========================>>] 100%  ELAPSED TIME: 9.13 s
----------------------------------------------------------------------------------------------
OK
××红红      100.0     ××中学
××淮竹      99.0      ××中学
××雅雅      85.0      ××中学
××霸业      95.0      ××中学
××富贵      88.0      ××中学
Time taken: 10.146 seconds, Fetched: 5 row(s)
```

图 4-42　使用别名查询学生信息

（3）内连接。

内连接：只有进行连接的两个表中都存在与连接条件相匹配的数据才会被保留下来。

```
select s.name,s.score,h.school from student s join school h on s.schoolID = h.schoolID;
```

查询结果如图 4-43 所示。

```
hive> select s.name,s.score,h.school from student s join school h on s.schoolID = h.schoolID;
Query ID = root_20230912173303_fa0f37b8-ff63-440b-aa33-7e850f4a0ba2
Total jobs = 1
Launching Job 1 out of 1
Status: Running (Executing on YARN cluster with App id application_1694422261031_0015)

----------------------------------------------------------------------------------------------
        VERTICES      MODE        STATUS  TOTAL  COMPLETED  RUNNING  PENDING  FAILED  KILLED
----------------------------------------------------------------------------------------------
Map 2 .......... container     SUCCEEDED      1          1        0        0       0       0
Map 1 .......... container     SUCCEEDED      1          1        0        0       0       0
----------------------------------------------------------------------------------------------
VERTICES: 02/02  [==========================>>] 100%  ELAPSED TIME: 8.42 s
----------------------------------------------------------------------------------------------
OK
 ××红红        100.0     ××中学
 ××淮竹        99.0      ××中学
 ××雅雅        85.0      ××中学
 ××霸业        95.0      ××中学
 ××富贵        88.0      ××中学
Time taken: 9.535 seconds, Fetched: 5 row(s)
```

图 4-43　内连接查询学生信息

（4）外连接。

1）左外连接。

左外连接：JOIN 操作符左边表中符合 WHERE 子句的所有记录将会被返回。

```
select s.id, s.name, h. school from student s left join school h on s.schoolID = h.schoolID;
```

查询结果如图 4-44 所示。

```
hive> select s.id, s.name, h. school from student s left join school h on s.schoolID = h.schoo
lID;
Query ID = root_20230912173350_ea3fde24-678a-4ab1-840a-97ed6e856af8
Total jobs = 1
Launching Job 1 out of 1
Status: Running (Executing on YARN cluster with App id application_1694422261031_0015)

----------------------------------------------------------------------------------------------
        VERTICES      MODE        STATUS  TOTAL  COMPLETED  RUNNING  PENDING  FAILED  KILLED
----------------------------------------------------------------------------------------------
Map 2 .......... container     SUCCEEDED      1          1        0        0       0       0
Map 1 .......... container     SUCCEEDED      1          1        0        0       0       0
----------------------------------------------------------------------------------------------
VERTICES: 02/02  [==========================>>] 100%  ELAPSED TIME: 7.64 s
----------------------------------------------------------------------------------------------
OK
10002     ××红红     ××中学
10003     ××淮竹     ××中学
10005     ××雅雅     ××中学
10006     ××月初     ××NULL
10001     ××霸业     ××中学
10004     ××富贵     ××中学
Time taken: 8.688 seconds, Fetched: 6 row(s)
```

图 4-44　左外连接查询学生信息

2）右外连接。

右外连接：JOIN 操作符右边表中符合 on 子句的所有记录将会被返回。

```
select s.id, s.name, h. school from student s right join school h on s.schoolID = h.schoolID;
```

查询结果如图 4-45 所示。

```
hive> select s.id, s.name, h. school from student s right join school h on s.schoolID = h.scho
olID;
Query ID = root_20230912173449_06137db3-bc0e-40e4-8151-741b64d97de2
Total jobs = 1
Launching Job 1 out of 1
Status: Running (Executing on YARN cluster with App id application_1694422261031_0015)

----------------------------------------------------------------------------------------------
        VERTICES      MODE        STATUS  TOTAL  COMPLETED  RUNNING  PENDING  FAILED  KILLED
----------------------------------------------------------------------------------------------
Map 1 .......... container     SUCCEEDED      1          1        0        0       0       0
Map 2 .......... container     SUCCEEDED      1          1        0        0       0       0
----------------------------------------------------------------------------------------------
VERTICES: 02/02  [==========================>>] 100%  ELAPSED TIME: 7.29 s
----------------------------------------------------------------------------------------------
OK
10003   ××淮竹          ××中学
10001   ××霸业          ××中学
10004   ××富贵          ××中学
10002   ××红红          ××中学
10005   ××雅雅          ××中学
Time taken: 8.292 seconds, Fetched: 5 row(s)
```

图 4-45　右外连接查询学生信息

3）满外连接。

满外连接：将会返回所有表中符合 on 子句条件的所有记录。如果任一表的指定字段没有符合条件的值的话，那么就使用 NULL 值替代。

```
select s. id,s. name, h.  school from student s full join school h on s. schoolID  =  h. schoolID;
```

查询结果如图 4-46 所示。

```
hive> select s.id, s.name, h. school from student s full join school h on s.schoolID = h.schoo
lID;
Query ID = root_20230912173602_f1d7022e-d1c1-4efd-a92f-29bc8e65eb55
Total jobs = 1
Launching Job 1 out of 1
Status: Running (Executing on YARN cluster with App id application_1694422261031_0015)

----------------------------------------------------------------------------------------------
        VERTICES      MODE        STATUS  TOTAL  COMPLETED  RUNNING  PENDING  FAILED  KILLED
----------------------------------------------------------------------------------------------
Map 1 .......... container     SUCCEEDED      1          1        0        0       0       0
Map 3 .......... container     SUCCEEDED      1          1        0        0       0       0
Reducer 2 ...... container     SUCCEEDED      3          3        0        0       0       0
----------------------------------------------------------------------------------------------
VERTICES: 03/03  [==========================>>] 100%  ELAPSED TIME: 8.91 s
----------------------------------------------------------------------------------------------
OK
10001     ××霸业      ××中学
10004     ××富贵      ××中学
10002     ××红红      ××中学
10005     ××雅雅      ××中学
10003     ××淮竹      ××中学
10006     ××月初      ××NULL
Time taken: 9.913 seconds, Fetched: 6 row(s)
```

图 4-46　满外连接查询学生信息

（5）多表连接。

注意：连接 n 个表，至少需要 $n-1$ 个连接条件。例如：连接 3 个表，至少需要两个连接条件。

现有班级表，数据见表 4-7。

表 4-7　　　　　　　　　　　　　　　　　　　　班　级　表

类	系	类	系
1	火系	7	水系
3	治疗系	9	全能系
5	辅助系		

1）创建班级表。

```
create table if not exists spe(
class int,
speciality string
)
row format delimited fields terminated by '\t';
```

2）导入数据。

```
load data local inpath '/opt/module/datas/speciality.txt' into table spe;
```

3）多表连接查询。

```
SELECT s.name, h.school, p.speciality
FROM student s
JOIN school h
ON h.schoolID = s.schoolID
JOIN spe p
ON s.class = p.class;
```

查询结果如图 4-47 所示。

```
hive> SELECT s.name, h.school, p.speciality
    > FROM   student s
    > JOIN   school h
    > ON     h.schoolID = s.schoolID
    > JOIN   spe p
    > ON     s.class = p.class;
No Stats for school@student, Columns: schoolid, name, class
No Stats for school@school, Columns: school, schoolid
No Stats for school@spe, Columns: speciality, class
Query ID = root_20230912173805_130827fe-c521-4f28-8e02-ec9a744cb2c1
Total jobs = 1
Launching Job 1 out of 1
Status: Running (Executing on YARN cluster with App id application_1694422261031_0015)

----------------------------------------------------------------------------------------------
        VERTICES      MODE        STATUS  TOTAL  COMPLETED  RUNNING  PENDING  FAILED  KILLED
----------------------------------------------------------------------------------------------
Map 2 ..........  container     SUCCEEDED      1          1        0        0       0       0
Map 3 ..........  container     SUCCEEDED      1          1        0        0       0       0
Map 1 ..........  container     SUCCEEDED      1          1        0        0       0       0
----------------------------------------------------------------------------------------------
VERTICES: 03/03  [==========================>>] 100%  ELAPSED TIME: 9.00 s
----------------------------------------------------------------------------------------------
OK
 ××淮竹          ××中学          火系
 ××雅雅          ××中学          火系
 ××霸业          ××中学          水系
 ××红红          ××中学          辅助系
 ××富贵          ××中学          治疗系
Time taken: 10.361 seconds, Fetched: 5 row(s)
```

图 4-47　多表连接查询学生信息

大多数情况下，Hive 会对每对 join 连接对象启动一个 MapReduce 任务。本例中会首先启动一个 MapReduce job 对表 Student 和表 School 进行连接操作，然后会启动一个 MapReduce job将第一个 MapReduce job 的输出和表 l 进行连接操作。

注意：为什么不是表 school 和表 spe 先进行连接操作呢？这是因为 Hive 总是按照从左到右的顺序执行的。

优化：当对 3 个或者更多表进行 join 连接时，如果每个 on 子句都使用相同的连接键的话，那么只会产生一个 MapReduce job。

(6) 笛卡尔积。

笛卡尔积，是指将两个表的每一行进行组合，生成一个新的表。假设有表 A 和表 B，A 表有 m 行，B 表有 n 行，那么它们的笛卡尔积结果就会有 $m*n$ 行。

笛卡尔集会在下列条件下产生：

1) 省略连接条件。

2) 连接条件无效。

3) 所有表中的所有行互相连接。

案例 1：链接 student 表和 school 表中的 id 和 school 列。

```
select id, school from student, school;
```

查询结果如图 4-48 所示。

```
hive> select id, school from student, school;
Warning: Map Join MAPJOIN[9][bigTable=?] in task 'Map 1' is a cross product
Query ID = root_20230912174312_8e54cc5f-271c-4446-8118-6cad7078987c
Total jobs = 1
Launching Job 1 out of 1
Status: Running (Executing on YARN cluster with App id application_1694422261031_0015)

----------------------------------------------------------------------------------------------
        VERTICES      MODE        STATUS  TOTAL  COMPLETED  RUNNING  PENDING  FAILED  KILLED
----------------------------------------------------------------------------------------------
Map 2 .......... container     SUCCEEDED      1          1        0        0       0       0
Map 1 .......... container     SUCCEEDED      1          1        0        0       0       0
----------------------------------------------------------------------------------------------
VERTICES: 02/02  [==========================>>] 100%  ELAPSED TIME: 8.36 s
----------------------------------------------------------------------------------------------
OK
10001	××贵族中学
10001	××悠悠中学
10001	××中学
10002	××贵族中学
10002	××悠悠中学
10002	××中学
10003	××贵族中学
10003	××悠悠中学
10003	××中学
10004	××贵族中学
10004	××悠悠中学
10004	××中学
10005	××贵族中学
10005	××悠悠中学
10005	××中学
10006	××贵族中学
10006	××悠悠中学
10006	××中学
Time taken: 9.394 seconds, Fetched: 18 row(s)
```

图 4-48 笛卡尔积查询学生信息

通过学习数据的高级查询，可以更好地了解 Hive 中数据的查询方式，促进合理的数据查询和使用。接下来，我们结合具体案例，帮助大家在实际应用场景中更好地理解这些操作。

三、任务实现

（一）分组查询

通过使用 group by 子句对员工表中的数据进行分组查询，可以实现按部门统计员工数量和平均工资分组。

```
select d. dname, count(empno) as num_employees,avg(salary) as avg_salary
from dept d join staff s on d. deptno = s. deptno
group by d. dname;
```

结果如图 4-49 所示。

```
hive> select d.dname, count(empno) as num_employees, avg(salary) as avg_salary
    > from dept d JOIN staff s on d.deptno = s.deptno
    > group by d.dname;
Query ID = root_20230912174606_55ca31a5-5ffd-4404-a0ad-1d98106fa38c
Total jobs = 1
Launching Job 1 out of 1
Status: Running (Executing on YARN cluster with App id application_1694422261031_0015)

----------------------------------------------------------------------------------------------
        VERTICES      MODE        STATUS  TOTAL  COMPLETED  RUNNING  PENDING  FAILED  KILLED
----------------------------------------------------------------------------------------------
Map 1 .......... container     SUCCEEDED      1          1        0        0       0       0
Map 2 .......... container     SUCCEEDED      1          1        0        0       0       0
Reducer 3 ...... container     SUCCEEDED      3          3        0        0       0       0
----------------------------------------------------------------------------------------------
VERTICES: 03/03  [==========================>>] 100%  ELAPSED TIME: 10.30 s
----------------------------------------------------------------------------------------------
OK
开发部  3       12166.666666666666
法律部  1       15000.0
财务部  3       12666.666666666666
销售部  1       9000.0
人事部  2       7500.0
Time taken: 11.49 seconds, Fetched: 5 row(s)
```

图 4-49　员工人数及平均薪资

（二）排序查询

使用 ordey by 子句对员工表中的数据进行排序查询，可以按照指定的字段或表达式进行升序或降序排序。

```
select ename, salary
from staff
order by salary desc;
```

结果如图 4-50 所示。

四、拓展知识

Hive 作为大数据处理平台，在排序查询方面有许多拓展知识和技巧。在华为自研的存储引擎方面，PolarDB for MySQL 相较于传统的 InnoDB 存储引擎，在排序查询和分组查询等场景下具有更高的性能和稳定性。通过配置 StorageHandler，可以在使用 Hive 进行排序查询时使用 PolarDB for MySQL，以获得更优的排序性能。此外，Hive 提供了多种排序算法和排序方式，如快速排序、归并排序和堆排序，同时支持升序和降序两种方式。对于大数据排序，Hive 通常采用基于外部排序的方式，将数据划分成块并进行排序后合并。在需要自定义排序规则的情况下，可以结合 UDF 函数来实现自定义排序操作。综上所述，Hive 和

```
hive> select ename, salary
    > from staff
    > order by salary desc;
Query ID = root_20230912174725_fe1b37db-7cf4-4a71-9fa9-9c2dfffbfb5d
Total jobs = 1
Launching Job 1 out of 1
Status: Running (Executing on YARN cluster with App id application_1694422261031_0015)

----------------------------------------------------------------------------------------------
        VERTICES      MODE        STATUS  TOTAL  COMPLETED  RUNNING  PENDING  FAILED  KILLED
----------------------------------------------------------------------------------------------
Map 1 .......... container     SUCCEEDED      1          1        0        0       0       0
Reducer 2 ...... container     SUCCEEDED      1          1        0        0       0       0
----------------------------------------------------------------------------------------------
VERTICES: 02/02  [==========================>>] 100%  ELAPSED TIME: 7.15 s
----------------------------------------------------------------------------------------------
OK
王××    18000.0
张××    15000.0
李××    13000.0
陆××    12000.0
刘××    11500.0
赵××    11000.0
陈××    9000.0
吴××    9000.0
孙××    9000.0
郑××    6000.0
Time taken: 8.004 seconds, Fetched: 10 row(s)
```

图 4-50　员工薪资信息

华为在排序查询方面具有很好的契合，并且通过优化性能和提升稳定性的方式，为大数据处理提供更强大的排序能力。

五、 练习测验

（一） 单选题

（1）在 Hive 中，可以使用哪个关键字对结果进行排序？（　　）

A. SORT BY　　B. GROUP BY　　C. ORDER BY　　D. JOIN BY

（2）Hive 中的分组操作是使用哪个关键字实现的？（　　）

A. GROUP　　B. SORT　　C. PARTITION　　D. CLUSTER

（3）下面哪个选项描述了在 Hive 中进行批量加载数据的操作？（　　）

A. INSERT INTO　　B. LOAD DATA INFILE

C. ALTER TABLE ADD PARTITION　　D. CREATE TABLE AS SELECT

（4）在 Hive 中，用于将两个或多个表合并的操作是什么？（　　）

A. GROUP　　B. SORT　　C. JOIN　　D. UNION

（5）以下哪个关键字用于在 Hive 中指定连接条件？（　　）

A. ON　　B. WHERE　　C. JOIN　　D. WITH

（二） 判断题（正确的在括号内画 “√”， 错误的在括号内画 “×”）

（1）Hive 中的 ORDER BY 语句仅适用于数字类型的列。（　　）

（2）Hive 的 GROUP BY 语句可以用于按多个列进行分组。（　　）

（3）Hive 中的 JOIN 操作可以只使用一个表。（　　）

（4）Hive 中的 SORT BY 语句会进行全局排序。（　　）

（5）在 Hive 中，使用 PARTITION BY 关键字来指定分区字段。（　　）

PART 5

项目五 员工信息管理系统

学习目标

●掌握数据仓库 Hive 的系统内置函数语法，能够熟练查看自带函数的使用方法。

●掌握数据仓库 Hive 的常用内置函数，能够熟练对员工信息进行管理操作。

●掌握数据仓库 Hive 的自定义函数，能够熟练对员工信息表和部门信息表进行复杂的管理操作。

项目描述

随着信息化时代的发展，大量的企业正面临着员工信息管理的挑战。为了更好地管理企业中海量的员工数据，本项目开发了一款基于 Hive 函数的员工信息管理系统。本项目旨在提供高效、可靠的员工信息管理解决方案，并结合了思政元素，帮助企业实现科学、人性化的管理。

作为一个综合性的员工信息管理系统，本项目充分利用了 Hive 函数的强大功能。首先，本项目集成了常用函数库，包括聚合函数、字符串函数、数学函数等。通过这些常用函数的灵活运用，用户可以高效地进行各种复杂的数据操作和计算。例如，本项目可以使用聚合函数来统计员工信息中的不同部门人数、计算某个部门员工的平均年龄等。这些函数不仅提供了强大的数据处理能力，还能减少用户的开发工作量，简化数据分析流程。

除了常用函数，本项目还支持用户自定义函数（UDF），以满足特定的业务需求。针对企业的独特管理要求，用户可以根据业务规则和思政要求开发自己的函数来处理员工信息。通过自定义函数，可以进一步提高系统的灵活度和适应性，满足企业个性化的数据处理需求。例如，本项目可以开发一个自定义函数，用于评估员工的思想道德素质，并根据评估结果进行合理的人才发展规划。通过这种方式，将思政元素融入员工信息管理中，帮助企业实现全面发展的目标。

本项目的核心是一个完整的员工信息管理流程。用户可以通过简单的 Hive 函数调用，完成对员工信息的增加、查询、更新和删除等操作。首先，用户可以使用添加员工函数来录入新的员工信息，包括姓名、ID、部门等。在添加员工信息时，本项目可以通过自定义函数来对员工的思想道德素质进行评估，并将评估结果存储到相应的字段中。其次，用户可以使用查询函数来获取特定条件下的员工信息。用户可以根据员工姓名、ID、部门等条件进行查询，系统将返回满足条件的员工的思想道德评估结果。此外，用户还可以使用更新函数来修改已有的员工信息，如更新员工姓名或部门。最后，用户可以使用删除函数来删除指定的员工信息，以便及时维护和管理员工数据。

除了以上核心操作，本项目还提供了丰富的辅助功能，将思政元素与企业管理有机结合。首先，系统支持对员工信息的统计和分析。通过使用各种聚合函数和数学函数，用户可以在无需编写复杂 SQL 语句的情况下，对员工信息进行统计和计算，如统计不同的部门的人数、计算各部门思想道德素质平均分等。其次，系统支持对员工信息的格式化和展示。用户可以使用字符串函数对员工姓名进行格式化，如将姓名转为大写或将姓和名进行拼接等。此外，系统还支持排序、分组和过滤等操作，以满足用户不同的数据处理需求。通过这些辅助功能，企业可以更好地掌握员工信息，并对员工进行全面管理和培养。

本项目注重易用性和可扩展性，并将思政元素融入员工信息管理中。首先，本项目提供了友好的用户界面和简洁明了的函数调用方式，使用户能够轻松上手并高效地完成各种数据操作。此外，本项目提供了详尽的文档和示例，帮助用户了解每个函数的使用方法和参数说明。其次，本项目支持自定义函数的开发，用户可以根据自身的业务需求和思想道德要求，开发适用的自定义函数。通过自定义函数，用户可以实现更加精细化的员工信息管理和评估。此外，系统还支持函数的组合使用，用户可以根据不同的场景和需求，将多个函数进行组合，实现更为复杂的数据处理和分析。

综上所述，基于 Hive 函数的员工信息管理系统提供了高效、可靠的员工信息管理解决方案，并结合思政元素，帮助企业实现科学、人性化的管理。通过常用函数和自定义函数的灵活运用，用户可以轻松地进行员工信息的增加、查询、更新和删除等操作，并支持统计、格式化、展示等辅助功能。本项目注重易用性和可扩展性，帮助用户提高工作效率和灵活性，满足不同的业务需求。无论是人力资源部门，还是管理者，都能够通过这个系统轻松地管理和维护大规模的员工信息，为企业的发展提供有力的支持，促进企业的思想道德建设。

任务一　Hive 内置函数

一、 任务说明

本任务要求运用 Hive 内置函数进行部门表和员工信息表的查询和管理。通过该项目，本项目将学习如何使用 Hive 的字符函数、日期函数、空字段赋值、case when、行转列、列转行、窗口函数、Rank、自定义函数等基本知识点。该任务将依次指导本项目进行数据的函数操作。通过完成这些任务，本项目能够灵活应用 Hive 分析和洞察企业数据，并为企业决策提供有力的支持。本任务的具体要求如下。

(1) 对原始数据添加一列日期字段，插入当天时间戳作为字段数据。

(2) 对空字段进行赋值。

(3) 根据条件对员工及部门信息表进行条件选择查询。

(4) 编写自定义函数，实现数据查询。

二、 知识引入

（一） Hive 内置函数概述

随着信息时代的到来，大数据的应用越来越广泛。在组织和管理海量数据方面，数据仓库工具变得尤为重要。Hive 作为一个基于 Hadoop 的开源数据仓库工具，受到了广泛的关注和应用。它提供了一种方便、高效的方式来处理和分析大规模数据集。在企业和组织中，员工信息管理系统是一个重要的应用领域，其中涉及对员工数据的录入、查询、更新、删除及统计和分析等操作。

基于 Hive 内置函数的员工信息管理系统能够提供方便、高效的员工数据处理和分析功能。它通过利用 Hive 的内置函数，简化了数据表的设计和创建过程、提供了灵活、便捷的数据查询和关联操作，并支持了数据的统计和分析。同时，它还拥有丰富的辅助功能，如字符串处理、排序和过滤等，进一步提升了系统的实用性和灵活性。借助 Hive 内置函数的强大功能，开发人员能够更加高效地完成员工信息管理系统的开发，并为企业和组织提供全面而可靠的员工数据管理解决方案。

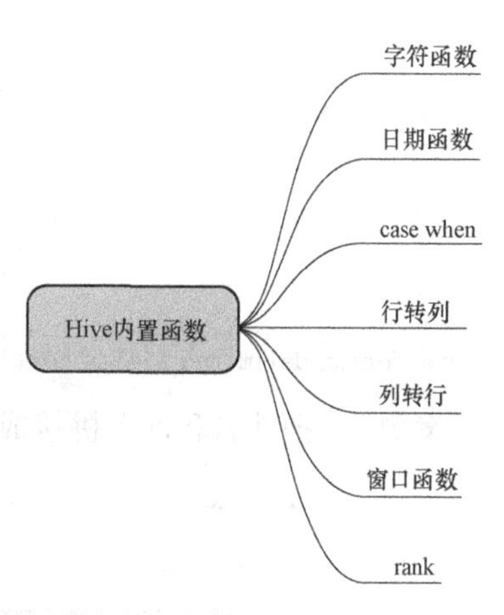

图 5-1　Hive 内置函数

Hive 内置函数如图 5-1 所示。

（二） Hive 函数常用语法和操作

1. 系统内置函数

（1）查看系统自带的函数：

```
show functions;
```

（2）显示自带函数的用法：

```
desc function upper;
```

（3）详细显示自带函数的用法：

```
desc function extended upper;
```

2. 字符函数

在查询时，经常会对字符数据进行转换，如大小写转换、字符串拼接等，在 Hive 中有许多字符函数可以方便本项目进行数据操作。下面是一些小案例：

现根据项目四任务的数据进行操作，数据见表 5-1。

表 5-1　　学生信息表

ID	名称	Sex	SchoolID	Class	Score
10001	××霸业	男	01	7	95
10002	××红红	女	02	5	100
10003	××淮竹	女	03	1	99
10004	××富贵	男	01	3	88
10005	××雅雅	女	02	1	85
10006	××月初	男	04	9	NULL

若未实现项目四，则需要根据数据进行表格创建及数据导入，若已实现则可跳过 student 表创建。

创建 student 表：

```
create table if not exists student(
id int,
name string,
sex string,
schoolID int,
class int,
score double
)
row format delimited fields terminated by '\t';
```

案例 1：把姓名和性别拼接成一个字符串。

```
select concat(name,'|',sex) from student;
```

结果如图 5 - 2 所示。

```
hive> select concat(name,'|',sex) from student;
OK
  ××霸业|男
  ××红红|女
  ××淮竹|女
  ××富贵|男
  ××雅雅|女
  ××月初|男
Time taken: 0.93 seconds, Fetched: 6 row(s)
```

图 5 - 2　concat 用法

案例 2：指定分隔符，使表格字段按照分隔符进行拼接。

```
select concat_ws('|',name,sex) from student;
```

结果如图 5 - 3 所示。

```
hive> Select concat_ws('|',name,sex) from student;
OK
  ××霸业|男
  ××红红|女
  ××淮竹|女
  ××富贵|男
  ××雅雅|女
  ××月初|男
Time taken: 0.3 seconds, Fetched: 6 row(s)
```

图 5 - 3　concat _ ws 用法

此写法等同于案例 1 的效果。

这里注意 concat _ ws 只能拼接 string 类型的字。

案例 3：对指定的字段进行合并，通常和 group by、concat _ ws 一起使用。

将上述表中指定从左侧原始表转换为右侧指定的数据格式，如图 5 - 4 所示。

```
select sex, concat_ws(',', collect_set(name))
  from student group by sex;
```

Name	Sex
××霸业	男
××红红	女
××淮竹	女
××富贵	男
××雅雅	女
××月初	男

Sex	Name
男	××霸业,××富贵,××月初
女	××红红,××雅雅,××淮竹

图 5-4　数据转换图

结果如图 5-5 所示。

```
女          ××红红,  ××淮竹,  ××雅雅
男          ××霸业,  ××富贵,  ××月初
Time taken: 21.239 seconds, Fetched: 2 row(s)
```

图 5-5　concat _ set 用法

上述用到的 collcat _ set 函数，有两个作用：第一个是去重，去除 group by 后的重复元素；第二个是形成一个集合，将 group by 后属于同一组的第三列集合起来成为一个集合。与 concat _ ws 结合使用就是将这些元素以逗号分隔，形成字符串。

案例 4：substr 截取学生表中每个学生的名字。

语法 substr(a,b)：从字符串 a 中第 b 位开始取，取右边所有的字符：

```
select substr(name,4) from student;
```

结果如图 5-6 所示。

```
hive> select substr(name,4) from student;
OK
业
红
竹
贵
雅
初
Time taken: 0.323 seconds, Fetched: 6 row(s)
```

图 5-6　substr 用法（一）

案例 5：substr 截取学生表的每个学生名字的姓。

语法 substr（a, b, c）：从字符串 a 中第 b 位开始取，取 c 个字符：

```
select substr(name,1,2) from student;
```

结果如图 5-7 所示。

案例 6：求东方在 name 字段的数据中第一次出现的位置。

语法 instr（string str，string substr）：返回字符串 substr 在 str 中首次出现的位置：

```
select instr(name,'东方') from student;
```

```
hive> select substr(name,1,2) from student;
OK
××
××
××
××
××
××
Time taken: 0.332 seconds, Fetched: 6 row(s)
```

图 5-7　substr 用法（二）

结果如图 5-8 所示。

```
hive> select instr(name, '东方') from student;
OK
0
0
1
0
0
1
Time taken: 0.325 seconds, Fetched: 6 row(s)
```

图 5-8　instr 用法

案例 7：去除字段 name 中的前后空格。

语法 trim ()：去前后空格。

```
select trim(name) from student;
```

结果如图 5-9 所示。

```
hive> select trim(name) from student;
OK
  ××霸业
  ××红红
  ××淮竹
  ××富贵
  ××雅雅
  ××月初
Time taken: 0.237 seconds, Fetched: 6 row(s)
```

图 5-9　trim 用法

案例 8：对 name 字段数据以“-”分割。

语法 split（string，分割字符）：分割。

```
select split(name ,'权') from student;
```

结果如图 5-10 所示。

```
hive> select split(name, '权') from student;
OK
["×","霸业"]
["××  红红"]
["××  淮竹"]
["×","富贵"]
["××  雅雅"]
["××  月初"]
Time taken: 0.238 seconds, Fetched: 6 row(s)
```

图 5-10　split 用法

3. 日期函数

日期函数可以对不同格式的日期进行相互转换，常用函数见表 5-2。

表 5-2 日期函数语法

日期函数	含义
to_date	从一个字符串中取出为日期的部分
year、month、day	从一个日期中取出相应的年、月、日
from_unixtime	把时间戳转换成指定时间格式的时间，年月日时间格式有两种：yyyyMMdd、yyyy-MM-dd 时分秒 时间格式为 HH：mm：ss
unix_timestamp	日期转时间戳函数
current_date	返回当前日期
date_add，date_sub	日期的加减
datediff	两个日期之间的日期差

案例 1：从一个字符串中取出为日期的部分。

```
select to_date('2023-07-21 04:17:52');
```

查询结果：2009-07-21。

案例 2：把时间戳转换成指定时间格式的时间。

时间戳：指从 1970 年 1 月 1 日（午夜）开始所经过的秒数。

（1）将时间戳转换成年月日：

```
select from_unixtime(1689918623,'yyyy-MM-dd');
```

查询结果：2023-07-21。

（2）将时间戳转换成年月日，时分秒。

```
select from_unixtime(1689918623,'yyyy-MM-dd HH:mm:ss');
```

查询结果：2023-07-21 05：50：23。

注意：年月日时间格式有两种：yyyyMMdd、yyyy-MM-dd；时分秒时间格式为 HH：mm：ss

案例 3：日期转时间戳函数。

（1）包含时分秒：

```
select unix_timestamp('2023-07-21 13:50:23');
```

查询结果：1689947423。

（2）不包含时分秒方法一：

```
select unix_timestamp('2023-07-21','yyyy-MM-dd');
```

查询结果：1689897600。

（3）不包含时分秒方法二：

```
select unix_timestamp('2023-07-21','yyyyMMdd');
```

查询结果：1670371200。

（4）把时间 20230721 转换成 2023 - 07 - 21：

```
select from_unixtime(unix_timestamp('20230721','yyyyMMdd'),'yyyy-MM-dd');
```

查询结果：2023 - 07 - 21。

案例 4：当前日期获取。

```
select current_date();
```

查询结果：2023 - 09 - 14。

案例 5：日期差。

（1）日期的加减。

日期的加减通过 date _ add 和 date _ sub 实现。

```
--今天开始 60 天以后的日期
select date_add(current_date(),60);
```

查询结果：2023 - 11 - 13。

```
--今天开始 60 天以前的日期
select date_sub(current_date(),60);
```

查询结果：2023 - 07 - 16。

（2）两个日期之间的日期差。

```
--今天和 2000 年 1 月 1 日的天数差
SELECT datediff(CURRENT_DATE(), "2000-01-01");
```

查询结果：8657。

4. 空字段赋值

（1）函数说明。

NVL：给值为 NULL 的数据赋值，它的格式是 NVL（ value，default _ value）。它的功能是如果 value 为 NULL，则 NVL 函数返回 default _ value 的值，否则返回 value 的值，如果两个参数都为 NULL ，则返回 NULL。

（2）案例实操。

案例 1：查询。如果学生的 score 为 NULL，则用“－1”代替。

```
select score,nvl(score, -1) from student;
```

查询结果如图 5 - 11 所示。

```
hive> select score,nvl(score, -1) from student;
OK
95.0	95.0
100.0	100.0
99.0	99.0
88.0	88.0
85.0	85.0
NULL	-1.0
```

图 5 - 11　成绩空值替换为“－1”

案例 2：查询。如果员工的 score 为 NULL，则用 class 代替。

```
select score, nvl(score,class) from student;
```

查询结果如图 5-12 所示。

```
hive> select score, nvl(score,class) from student;
OK
95.0    95.0
100.0   100.0
99.0    99.0
88.0    88.0
85.0    85.0
NULL    9.0
Time taken: 0.187 seconds, Fetched: 6 row(s)
```

图 5-12　成绩空值替换为 class

5. case when

case when 为条件选择语句，能够合理求出不同类别下的数据，并进行整合。

案例 1：求 student 表中不同班级下男女各多少人。

```
select
  class,
  sum(case sex when '男' then 1 else 0 end) male_count,
  sum(case sex when '女' then 1 else 0 end) female_count
from
  student
group by
  class;
```

查询结果如图 5-13 所示。

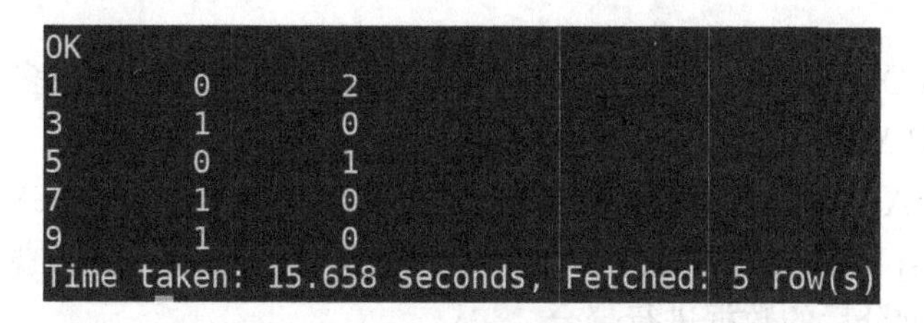

图 5-13　不同班级下男女个数

6. 行转列

(1) 相关函数说明。

CONCAT (string A/col, string B/col…)：返回输入字符串连接后的结果，支持任意个输入字符串。

CONCAT_WS (separator, str1, str2, …)：它是一个特殊形式的 CONCAT ()。第一个参数为剩余参数间的分隔符。分隔符可以是与剩余参数一样的字符串。如果分隔符是 NULL，返回值也将为 NULL。本函数会跳过分隔符参数后的任何 NULL 和空字符串，分隔符将被加到被连接的字符串之间。

COLLECT_SET (col)：函数只接受基本数据类型，其主要作用是将某字段的值进行去重汇总，产生 array 类型字段。

（2）案例实现。

把 student 表中班级和性别一样的人归类到一起。

```
select
    t1.sc,
    concat_ws('|', collect_set(t1.name)) name
from
    (select
        name,
        concat(class ,",", sex) sc
    from
        student) t1
group by
    t1.sc;
```

查询结果如图 5-14 所示。

```
OK
1,女        ××淮竹|××雅雅
3,男        ××富贵
5,女        ××红红
7,男        ××霸业
9,男        ××月初
Time taken: 7.506 seconds, Fetched: 5 row(s)
```

图 5-14　相同班级和人数

7. 列转行

（1）函数说明。

EXPLODE（col）：将 hive 一列中复杂的 array 或 map 结构拆分成多行。

LATERAL VIEW：

用法：LATERAL VIEW udtf（expression）tableAlias AS columnAlias

解释：用于和 split，explode 等 UDTF 一起使用，它能够将一列数据拆成多行数据，并在此基础上可以对拆分后的数据进行聚合。

（2）数据准备（见表 5-3）。

表 5-3　　　　电　影　数　据

movie	category
《疑犯追踪》	悬疑，动作，科幻，剧情
《Lie to me》	悬疑，警匪，动作，心理，剧情
《战狼 2》	战争，动作，灾难

（3）需求。

将电影分类中的数组数据展开。结果如下：

```
《疑犯追踪》    悬疑
```

```
《疑犯追踪》    动作
《疑犯追踪》    科幻
《疑犯追踪》    剧情
《Lie to me》   悬疑
《Lie to me》   警匪
《Lie to me》   动作
《Lie to me》   心理
《Lie to me》   剧情
《战狼 2》      战争
《战狼 2》      动作
《战狼 2》      灾难
```

（4）创建本地 movie. txt，导入数据

```
vi movie. txt
```

结果如下：

```
《疑犯追踪》      悬疑,警匪,动作,心理,剧情
《Lie to me》     悬疑,警匪,动作,心理,剧情
《战狼 2》        战争,动作,灾难
```

（5）创建 hive 表并导入数据

```
create tablemovie_info(
    movie string,
    category string)
row format delimited fields terminated by "\t";
load data local inpath "/opt/module/datas/movie. txt" into table movie_info;
```

（6）按需求查询数据

```
select
  m. movie,
  tbl. cate
from
  movie_info m
lateral view
  explode(split(category ,",")) tbl as cate;
```

查询结果如图 5 - 15 所示。

```
《疑犯追踪》    悬疑
《疑犯追踪》    动作
《疑犯追踪》    科幻
《疑犯追踪》    剧情
《Lie to me》   悬疑
《Lie to me》   警匪
《Lie to me》   动作
```

```
《Lie to me》      心理
《Lie to me》      剧情
《战狼 2》         战争
《战狼 2》         动作
《战狼 2》         灾难
```

```
OK
《疑犯追踪》      悬疑
《疑犯追踪》      动作
《疑犯追踪》      科幻
《疑犯追踪》      剧情
《Lie to me》     悬疑
《Lie to me》     警匪
《Lie to me》     动作
《Lie to me》     心理
《Lie to me》     剧情
《战狼2》         战争
《战狼2》         动作
《战狼2》         灾难
Time taken: 0.06 seconds, Fetched: 12 row(s)
```

图 5-15　电影类型列转行

函数解释：

explode () 这个函数大多数人都接触过，其作用是将一行数据转换成列数据，可以用于 array 和 map 类型的数据。

array 语法：

```
select explode(arraycol) as newcol from tablename;
```

参数解释如下。

explode ()：函数中的参数传入的是 arrary 数据类型的列名。

newcol：是给转换成的列命名一个新的名字，用于代表转换之后的列名。

tablename：原表名。

map 语法：

```
select explode(mapcol) as (keyname,valuename) from tablename;
```

参数解释如下。

explode ()：函数中的参数传入的是 map 数据类型的列名。

由于 map 是 key-value 结构的，因此它在转换的时候会转换成两列，一列是 key 转换而成的，一列是 value 转换而成的。

keyname：表示 key 转换成的列名称，用于代表 key 转换之后的列名。

valuename：表示 value 转换成的列名称，用于代表 value 转换之后的列名称。

注意：这两个值需要在 as 之后用括号括起来，并以逗号分隔。

explode () 函数存在如下的局限性：

1）不能关联原有表中的其他字段。

2）不能与 group by、cluster by、distribute by、sort by 联用。

3）不能进行 UDTF 嵌套。

4）不允许选择其他表达式。

8. 窗口函数

（1）over（）开窗函数使用场景：

1）求分组下的 TopN 问题。

2）select 的多个字段，不满足 group by 的条件。

3）开窗函数相当于又增加了一列。

语法：使用 over 指定窗口的范围。

案例 1：对 student 表指定窗口。

```
select *,count(id) over() as count from student;
```

查询结果如图 5-16 所示。

```
OK
10001   ××霸业   男   1   7   95.0    6
10002   ××红红   女   2   5   100.0   6
10003   ××淮竹   女   3   1   99.0    6
10004   ××富贵   男   1   3   88.0    6
10005   ××雅雅   女   2   1   85.0    6
10006   ××月初   男   4   9   NULL    6
Time taken: 6.279 seconds, Fetched: 6 row(s)
```

图 5-16　开窗函数

over（）默认的窗口大小是从第一行到最后一行的所有数据，count 统计的数据就是 over窗口中的数据。count（st_id）over（）as count 产生了新的一列，并给这一列起了个名字：count。通过本项目可以看到，每一行的数据都是 22，表示这个表有 22 行。

案例 2：指定以班级作为窗口的大小进行分组。

```
select *,count(id)over(partition by class) count from student;
```

查询结果如图 5-17 所示。

```
OK
10003   ××淮竹   女   3   1   99.0    2
10005   ××雅雅   女   2   1   85.0    2
10004   ××富贵   男   1   3   88.0    1
10002   ××红红   女   2   5   100.0   1
10001   ××霸业   男   1   7   95.0    1
10006   ××月初   男   4   9   NULL    1
Time taken: 6.093 seconds, Fetched: 6 row(s)
```

图 5-17　指定窗口函数

over（partition by class）中 partition by 的意思是按照 class 进行分组，这样设定之后，over 的窗口大小就是一个分组。count（id）就是统计每个分组内有多少行。

案例 3：指定分组的数据进行排序。

```
select *, count(id)over(partition by class order by id) count from student;
```

查询结果如图 5-18 所示。

通过观察，这次 count 列的数据发生了变化，因为通过 sort by 进行排序，则 over 的窗口大小也发生了变化，当指定排序后，窗口的大小为从分组内第一行到当前行。

第一行的 count 值为 1，因为窗口的大小就只包含这一行，所以 count（st_id）为 1。

```
OK
10003   ××淮竹   女   3   1   99.0    1
10005   ××雅雅   女   2   1   85.0    2
10004   ××富贵   男   1   3   88.0    1
10002   ××红红   女   2   5   100.0   1
10001   ××霸业   男   1   7   95.0    1
10006   ××月初   男   4   9   NULL    1
Time taken: 7.587 seconds, Fetched: 6 row(s)
```

图 5-18　指定窗口函数排序

第二行的 count 值为 2，因为窗口的大小包含两行，所以 count（st _ id）为 2，依次类推。

案例 4：与常用函数连用。

```
select *,sum(score) over(partition by class) sum1,
sum(score) over(partition by class order by id) sum2,
avg(score) over(partition by class) avg1,
avg(score) over(partition by class order by id) avg2
from student;
```

查询结果如图 5-19 所示。

```
OK
10003   ××淮竹   女   3   1   99.0    184.0   99.0    92.0    99.0
10005   ××雅雅   女   2   1   85.0    184.0   184.0   92.0    92.0
10004   ××富贵   男   1   3   88.0    88.0    88.0    88.0    88.0
10002   ××红红   女   2   5   100.0   100.0   100.0   100.0   100.0
10001   ××霸业   男   1   7   95.0    95.0    95.0    95.0    95.0
10006   ××月初   男   4   9   NULL    NULL    NULL    NULL    NULL
Time taken: 2.434 seconds, Fetched: 6 row(s)
```

图 5-19　窗口函数与常用函数连用排序

通过观察发现，当只指定分组时，sum、avg 统计的数据就是分组内的数据，当既指定分组又指定排序时，sum、avg 统计的数据就是分组内从第一行到当前行的数据。

（2）row _ number（）的功能和 count（）一致，只不过 row _ number 括号中不需要指定列，更加常用。

```
select *,row_number() over(partition by class order by id) from student;
```

注意：over（partition by … order by …）和 over（distribute by … sort by …）功能是一样的。

9. Rank 函数

（1）函数说明。

RANK（）排序相同时会重复，总数不会变；

DENSE _ RANK（）排序相同时会重复，总数会减少；

ROW _ NUMBER（）会根据顺序计算。

（2）数据准备见表 5-4。

表 5-4　　数据准备

name	subject	score
××月初	语文	87

续表

name	subject	score
××月初	数学	95
××月初	英语	68
××淮竹	语文	94
××淮竹	数学	56
××淮竹	英语	84
××红红	语文	64
××红红	数学	86
××红红	英语	84
××雅雅	语文	65
××雅雅	数学	85
××雅雅	英语	78

（3）需求。计算每门学科成绩排名。

（4）创建本地 score. txt，导入数据：

```
vi score. txt
```

（5）创建 Hive 表并导入数据：

```
create tablescore(
name string,
subject string,
score int)
row format delimited fields terminated by "\t";
load data localinpath '/opt/module/datas/score. txt' into table score;
```

（6）按需求查询数据：

```
select name,
subject,
score,
rank() over(partition by subject order by score desc) rp,
dense_rank() over(partition by subject order by score desc) drp,
row_number() over(partition by subject order by score desc) rmp
from score;
```

查询结果如图 5 - 20 所示。

通过学习数据库的常用函数，本项目可以更好地了解 Hive 中数据的操作方式，使数据筛选工作更加合理。接下来，结合具体案例，帮助大家更好地了解这些操作的实际应用场景。

三、 任务实现

（一） 员工信息表性别转换

使用字符函数和 CASE WHEN 语句将员工表中 sex 字段的性别转换为数据，即 0 表示

```
OK
××月初	数学	95	1	1	1
××红红	数学	86	2	2	2
××雅雅	数学	85	3	3	3
××淮竹	数学	56	4	4	4
××淮竹	英语	84	1	1	1
××红红	英语	84	1	1	2
××雅雅	英语	78	3	2	3
××月初	英语	68	4	3	4
××淮竹	语文	94	1	1	1
××月初	语文	87	2	2	2
××雅雅	语文	65	3	3	3
××红红	语文	64	4	4	4
Time taken: 6.59 seconds, Fetched: 12 row(s)
```

图 5-20　员工信息性别转换（一）

女性，1 表示男性，并展示转换后的结果。

```
SELECTempno, ename, job, salary, deptno, CASE WHEN sex = '女性' THEN '0' ELSE '1' END AS gender FROM staff;
```

结果如图 5-21 所示。

```
OK
10021	陆××	软件开发工程师	12000.0 2	1
10022	张××	法务总监	15000.0 4	1
10023	李××	大数据开发工程师	13000.0 2	1
10024	刘××	数据分析师	11500.0 2	1
10025	赵××	公司律师	11000.0 5	1
10026	陈××	销售专员	9000.0	1	1
10027	吴××	人力资源经理	9000.0	3	1
10028	郑××	招聘经理	6000.0	3	1
10029	孙××	会计经理	9000.0	5	1
10030	王××	财务总监	18000.0 5	1
Time taken: 0.162 seconds, Fetched: 10 row(s)
```

图 5-21　员工信息性别转换（二）

（二）获取员工信息入职年份

使用日期函数获取每个员工的入职年份，并展示员工的编号、姓名和入职年份。

```
SELECTempno, ename, YEAR(hire_date) as hire_year FROM staff;
```

查询结果如图 5-22 所示。

```
OK
10021	陆××	2023
10022	张××	2023
10023	李××	2023
10024	刘××	2022
10025	赵××	2022
10026	陈××	2021
10027	吴××	2021
10028	郑××	2020
10029	孙××	2020
10030	王××	2020
Time taken: 0.125 seconds, Fetched: 10 row(s)
```

图 5-22　员工总数

（三）统计每个部门每年的员工人数

使用行列转换技术，统计每个部门每年的员工人数，并将结果存入新表 dept_employee_

stats。新表的字段包括 deptno（部门编号）和各年份的员工人数列。

```
create TABLE dept_employee_stats as
SELECTdeptno, COUNT(1) AS employees, YEAR(hire_date) AS hire_year
FROMstaff
 GROUP BYdeptno, YEAR(hire_date)
ORDER BYdeptno, hire_year;
# 查询 dept_employee_stats 表
Select * from dept_employee_stats;
```

查询结果如图 5 - 23 所示。

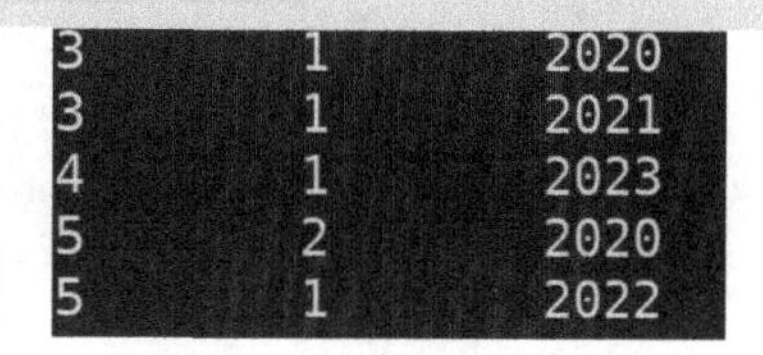

```
3    1    2020
3    1    2021
4    1    2023
5    2    2020
5    1    2022
```

图 5 - 23 薪资高于 5000 元的员工信息

（四） 员工信息薪水排序 （开窗函数）

使用开窗函数按照薪水对员工进行排序，并生成新表 emp _ salary _ rank。新表的字段包括 empno（员工编号）、ename（员工姓名）、job（职位）、sex（性别）、salary（薪水）和 salary _ rank（薪水排名）。

```
CREATE TABLE emp_salary_rank AS
SELECTempno, ename, job, sex, salary, ROW_NUMBER() OVER (ORDER BY salary DESC) AS salary_rank
FROM staff;
# 查询 emp_salary_rank 表
Select * from emp_salary_rank;
```

查询结果如图 5 - 24 所示。

```
hive> Select * from emp_salary_rank;
OK
10030   王××   财务总监          男   18000.0 1
10022   张××   法务总监          男   15000.0 2
10023   李××   大数据开发工程师   男   13000.0 3
10021   陆××   软件开发工程师     男   12000.0 4
10024   刘××   数据分析师        女   11500.0 5
10025   赵××   公司律师          女   11000.0 6
10026   陈××   销售专员          男   9000.0  7
10027   吴××   人力资源经理       男   9000.0  8
10029   孙××   会计经理          女   9000.0  9
10028   郑××   招聘经理          女   6000.0  10
Time taken: 0.176 seconds, Fetched: 10 row(s)
```

图 5 - 24 员工信息薪水排序

（五） 员工信息薪水排序 （RANK 函数）

使用 RANK 函数对 emp _ salary _ rank 表的 salary _ rank 字段进行排名，并在新表 emp _ salary _ rank 中添加字段 rank，表示按薪水排序的排名。

```
CREATE TABLE emp_salary_rank_with_rank AS
SELECTempno, ename, job, sex, salary, RANK() OVER (ORDER BY salary DESC) AS rank
FROMemp_salary_rank;
# 查询 emp_salary_rank_with_rank 表
Select * from emp_salary_rank_with_rank;
```

查询结果如图 5 - 25 所示。

```
hive> Select * from emp_salary_rank_with_rank;
OK
10030   王××   财务总监        男      18000.0 1
10022   张××   法务总监        男      15000.0 2
10023   李××   大数据开发工程师        男      13000.0 3
10021   陆××   软件开发工程师  男      12000.0 4
10024   刘××   数据分析师      女      11500.0 5
10025   赵××   公司律师        女      11000.0 6
10026   陈××   销售专员        男      9000.0  7
10027   吴××   人力资源经理    男      9000.0  7
10029   孙××   会计经理        女      9000.0  7
10028   郑××   招聘经理        女      6000.0  10
Time taken: 0.109 seconds, Fetched: 10 row(s)
```

图 5-25　员工信息薪水排序

四、练习测验

（一）单选题

1. 在 Hive 中，以下哪个函数可以将字符串转换为小写？（　　）

A. LOWER()　　B. UPPER()

C. INITCAP()　　D. LENGTH()

2. 如果想从一个日期字段中提取年份，应该使用哪个 Hive 日期函数？（　　）

A. YEAR()　　B. MONTH()

C. DAY()　　D. DATE _ FORMAT()

3. 在 Hive 中，以下哪个表达式使用 CASE WHEN 语句实现了条件逻辑判断？（　　）

A. IFNULL()　　B. COALESCE()

C. DECODE()　　D. WHEN()

4. 在 Hive 中，以下哪个关键字用于行列转换？（　　）

A. PIVOT　　B. UNPIVOT　　C. TRANSPOSE　　D. CONVERT

5. 使用开窗函数时，以下哪个函数可以为每个窗口分配唯一的序号？（　　）

A. RANK()　　B. ROW _ NUMBER()

C. DENSE _ RANK()　　D. OVER()

（二）判断题（正确的在括号内画"√"，错误的在括号内画"×"）

1. Hive 中的 LOWER() 函数用于将字符串转换为大写字母。（　　）

2. 日期函数 MONTH() 可以从一个日期字段中提取月份。（　　）

3. 在 Hive 中，CASE WHEN 语句用于进行循环操作。（　　）

4. 行列转换关键字 PIVOT 用于将行数据转换为列。（　　）

5. 开窗函数 ROW _ NUMBER() 为每行分配唯一的序号。（　　）

任务二　Hive 自定义函数

一、任务说明

在 Hive 中，自定义函数（UDF）是一种扩展机制，允许用户根据自己的需求编写和注册自定义函数，以便在查询中使用。本项目旨在开发一个 Hive 自定义函数，该函数用于处理员工薪水数据，并实现特定的业务逻辑。本任务的具体要求如下。

（1）编写一个 Hive 自定义函数（UDF），命名为 calculate_bonus，该函数接收一个整型参数表示员工的薪水。

（2）calculate_bonus 函数的功能是根据以下规则计算员工的奖金。

（3）薪水小于等于 5000 的员工奖金为薪水的 10%。

（4）薪水大于 5000 但小于等于 10000 的员工奖金为薪水的 15%。

（5）薪水大于 10000 的员工奖金为薪水的 20%。

（6）实现 calculate_bonus 函数的逻辑，并进行单元测试，确保函数在不同薪水输入下能够正确计算奖金。

（7）将 calculate_bonus 函数打包为 Java jar 文件，以便在 Hive 中注册和调用。

（8）在 Hive 中注册 calculate_bonus 函数，并使用示例数据进行测试，验证函数的正确性。

（9）提供详细的文档说明，包括函数的使用方法、输入输出参数的说明及示例代码。

二、知识引入

（一）Hive 自定义函数概述

1. 自定义函数概念

在 Hive 中，自定义函数（User-Defined Function，UDF）是一种扩展机制，允许用户根据自己的需求编写和注册自定义函数，以便在查询中使用。当 Hive 提供的内置函数无法满足用户的业务处理需要时，就可以考虑使用用户自定义函数。自定义函数可以帮助本项目实现更复杂的业务逻辑和数据处理需求，提高查询和分析的灵活度和效率。

2. 自定义函数类型

（1）按功能划分。

Hive 中的自定义函数可以分为三类，即标量函数（Scalar Functions）、聚合函数（Aggregate Functions）和表生成函数（Table Generating Functions）。

标量函数：对每个输入参数执行计算，并返回一个值。例如，将字符串转换为大写、计算日期之间的差异等操作都可以通过标量函数实现。

聚合函数：对一组输入值执行聚合操作，并返回一个结果。例如，计算平均值、求和、最大值等都是聚合函数的常见应用场景。

表生成函数：输入一组参数，产生一张临时表作为结果。这种函数通常用于在查询中生成动态表，以支持更复杂的数据处理需求。

（2）按类别划分。

根据用户自定义函数类别分为以下三种：

1）UDF（User-Defined-Function）。

一进一出。

2）UDAF（User-Defined Aggregation Function）。

聚集函数，多进一出，类似于：count/max/min。

3）UDTF（User-Defined Table-Generating Functions）。

一进多出，如 lateral view explode()。

3. 自定义函数的开发规范

（1）自定义函数必须继承 Hive 提供的 UDF、GenericUDF 或 GenericUDTF 基类，并实现相应的方法。

（2）根据函数的类型选择正确的基类，例如，标量函数继承 UDF、聚合函数继承 GenericUDAFResolver、表生成函数继承 GenericUDTF。

（3）重写基类的 evaluate() 方法，在该方法中实现具体的计算逻辑。

（4）验证输入参数的正确性，并进行异常处理，确保函数在不符合要求的输入数据下不会出错。

（5）在代码中添加必要的注释，方便他人理解函数的用途和实现方式。

（6）编译并将函数打包为 Java jar 文件，以便在 Hive 中进行注册和调用。

（二）Hive 自定义函数语法

1. 自定义函数的注册和调用

将打包好的自定义函数的 Java jar 文件上传到 Hadoop 集群的某个目录下，确保 Hive 能够访问到该文件。

在 Hive 命令行工具中执行" add jar <jar _ file _ path>;" 命令，将 jar 文件添加到 Hive 的类路径中。

使用" create function <function _ name>as 'fully. qualified. classname';" 命令在 Hive 中注册自定义函数。

注册成功后，即可在 Hive 查询中使用自定义函数，如" select <function _ name> (c-olumn1) from table1;"。

2. 自定义函数语法

（1）继承 org. apache. hadoop. hive. ql. exec. UDF。

（2）需要实现 evaluate 函数，evaluate 函数支持重载。

（3）在 Hive 的命令行窗口创建函数。

添加 jar

```
add jarlinux_jar_path
```

创建 function

```
create [temporary] function [dbname.]function_name AS class_name;
```

（4）在 Hive 的命令行窗口删除函数。

```
Drop [temporary] function [if exists] [dbname.]function_name;
```

注意：UDF 必须要有返回类型，可以返回 null，但是返回类型不能为 void。

（5）案例实操。

1）创建一个 Maven 工程 Hive。

2）导入依赖。

```
< dependencies>
    < !- - https://mvnrepository.com/artifact/org.apache.hive/hive-exec - ->
    < dependency>
```

```
            < groupId> org. apache. hive< /groupId>
            < artifactId> hive - exec< /artifactId>
            < version> 3. 1. 2< /version>
        < /dependency>
    < /dependencies>
```

3）创建一个类。

```
packagecom. softhk. hive;
import org. apache. hadoop. hive. ql. exec. UDF;

public class Lower extends UDF {

public String evaluate (final String s) {

    if (s = = null) {
        return null;
    }

    return s. toLowerCase();
  }
  }
```

4）打成 jar 包上传到服务器/opt/module/jars/udf. jar。

5）将 jar 包添加到 Hive 的 classpath。

```
hive (default)> add jar /opt/module/datas/udf. jar;
```

6）创建临时函数与开发好的 java class 关联。

```
hive (default)> create temporary function mylower as "com. softhk. hive. Lower";
```

7）即可在 HQL（Hive SQL）中使用自定义的函数 strip。

```
select ename, mylower(ename) lowername from emp;
```

通过学习数据的自定义函数，本项目可以更好地了解 Hive 中数据自定义函数的应用方法，加深对自定义函数的理解。接下来，结合具体案例，帮助大家更好地理解这些操作的实际应用场景。

三、 任务实现

（一） 根据员工性别和薪水范围查询员工信息

1. 功能介绍

设计一个自定义函数，用于根据指定的性别和薪水范围查询员工表，并将结果存储到新表中。该函数的输入参数包括性别（sex）和薪水下限（min _ salary）、薪水上限（max _ salary），输出为满足条件的员工信息。

2. 开发步骤

开发一个继承自 Hive UDF 基类的 Java 类，命名为“EmployeeFilterUDF”。

在类中实现 evaluate() 方法，接收性别、薪水下限和薪水上限作为参数，并使用 Hive 查询语句获取满足需求的员工数据并返回。

3. 功能实现

```
import org.apache.hadoop.hive.ql.exec.UDF;
import org.apache.hadoop.io.Text;

public class EmployeeFilterUDF extends UDF {
    public Text evaluate(String sex, Double minSalary, Double maxSalary) {
        //根据传入的性别、薪水下限和薪水上限查询员工信息并存储到新表
        String query = "INSERT INTOnew_employee_table SELECT * FROM employee_table WHERE sex = '"
                + sex + "' AND salary >= " + minSalary + " AND salary <= " + maxSalary;
        //执行查询并返回结果
        return new Text(query);
    }
}
```

（二）根据入职日期查询最早和最晚的员工日期

1. 功能介绍

设计一个自定义函数，用于查询员工表中最早和最晚的入职日期，并将结果存储到新表。该函数的输入参数为部门编号（deptno），输出为最早和最晚的员工日期。

2. 开发步骤

开发一个继承自 Hive UDF 基类的 Java 类，命名为“EmployeeHireDateUDF”。

在类中实现 evaluate() 方法，接收部门编号作为参数，并使用 Hive 查询语句获取最早和最晚的入职日期。

将查询结果存储到新表，可以使用 Hive 的 INSERT INTO 语句将结果插入指定的新表中。

3. 功能实现

```
import org.apache.hadoop.hive.ql.exec.UDF;
import org.apache.hadoop.io.Text;

public class EmployeeHireDateUDF extends UDF {
    public Text evaluate(String deptno) {
        //查询最早和最晚的员工入职日期并存储到新表
        String query = "INSERT INTOhire_date_table SELECT MIN(hire_date), MAX(hire_date) FROM
employee_table WHERE deptno = '"
                + deptno + "'";
        //执行查询并返回结果
        return new Text(query);
    }
}
```

四、 练习测验

（一） 单选题

1. Hive 中的自定义函数（UDF）是指（　　）。

A. 只能在 Hive 中使用的内置函数

B. 用户根据自己的需求编写的函数

C. 由 Apache Hive 项目组提供的特定功能函数

D. 只能由管理员运行的系统函数

2. 在 Hive 中开发自定义函数时，通常使用的编程语言是（　　）。

A. Java　　B. Python

C. SQL　　D. R

3. 自定义函数（UDF）在 Hive 中主要用于（　　）。

A. 创建新的数据表　　B. 修改已存在的数据表结构

C. 执行复杂的查询操作　　D. 增加新的函数功能

4. 在 Hive 中注册自定义函数的关键字是（　　）。

A. REGISTER　　B. CREATE

C. ADD　　D. IMPORT

5. 在 Hive 中，自定义函数可以通过以下（　　）方式使用。

A. SELECT 语句中直接调用

B. 在 Hive 配置文件中进行全局设置

C. 通过命令行执行特定的注册命令

D. 通过 Hive 函数库进行统一管理

（二） 判断题（正确的在括号内画 “√”，错误的在括号内画 “×”）

1. Hive 自定义函数只能使用 SQL 语言进行编写和实现。（　　）

2. 自定义函数可以用于 Hive 中的所有数据类型。（　　）

3. 在 Hive 中，自定义函数无法实现复杂的逻辑和业务处理。（　　）

4. 注册自定义函数后，可以在 Hive 的所有会话中使用。（　　）

5. Hive 内置函数和自定义函数的使用方法完全相同。（　　）

PART 6

项目六
实现数据存储与压缩的融合

学习目标

- 掌握 Hadoop 压缩配置的基本知识及使用方法。
- 熟悉 Hive 文件的存储格式，能够熟练针对不同场景进行文件存储。
- 掌握 Hive 文件的多种压缩方式，针对不同场景进行测试存储压缩。

项目描述

对于数据密集型任务，I/O 操作和网络数据传输需要花费相当长的时间才能完成。该项目旨在根据实际场景选择合适的文件存储格式及优化 Hadoop 中的压缩配置，以提高存储效率和数据处理性能。通过学习和实践 Hadoop 的压缩配置，掌握文件存储格式的区别，我们将探索不同存储格式，不同压缩算法和参数设置对存储、传输和处理数据的影响，并提供最佳实践和建议。

压缩技术能够有效减少底层存储系统（HDFS）读写字节数，压缩提高了网络带宽和磁盘空间的效率。在运行 MR 程序时，I/O 操作、网络数据传输、Shuffle 和 Merge 要花费大量的时间，尤其是数据规模很大和工作负载密集的情况下，因此，使用数据压缩显得非常重要。

数据压缩对于节省资源、最小化磁盘 I/O 和网络传输非常有帮助。可以在任意 MapReduce 阶段启用压缩。虽然压缩与解压操作对 CPU 有额外开销，但是可以带来更大的性能提升和资源节省。

在项目中，我们将学习如何选用合适的文件压缩格式并遵循数据压缩的最佳实践，遵循压缩基本原则：运算密集型的 job，少用压缩；I/O 密集型的 Job，多用压缩。

任务一 Hadoop 压缩配置

一、 任务说明

Hadoop 是一个分布式计算框架，可以处理大规模数据集并在集群中进行高效的数据处理和存储。在 Hadoop 中，压缩配置任务是优化数据处理性能和节省存储空间的重要步骤。在查询时开启 Map 输出阶段压缩，测试其执行效率，第二部开启 Reduce 输出阶段压缩，测试其执行效率。

本任务的具体要求如下。

（1）开启 MapReduce 中 Map 阶段压缩。

（2）开启 MapReduce 中 Reduce 阶段压缩。

二、知识引入

Hive 操作最终都将转换成为 Hadoop 中的 MapReduce Job，而 MapReduce（MR）框架支持多种压缩编码来提高数据的存储效率和传输速度，通过对数据的压缩，可以减少磁盘 I/O，节省磁盘空间；但是压缩会增加 CPU 负载的开销，所以在运算密集的 Job 中尽量少用压缩，在 I/O 流频繁的操作 Job 中，尽量多用压缩。

MR 框架中包含 Deflate、Gzip、Bzip2、Snappy、LZO 多种压缩方式，针对不同阶段不同场景采用不同的压缩方式对数据流进行处理，可以对 map 的输出进行压缩（map 输出到 reduce 输入的过程，可以压缩 shuffle 过程中网络传输的数据量），可以对 reduce 的输出结果进行压缩（最终保存到 HDFS 上的数据，主要是减少占用 HDFS 存储）。

（一）MR 支持的压缩编码

MR 支持的压缩编码见表 6-1。

表 6-1　MR 支持的压缩编码

压缩格式	工具	算法	文件扩展名	是否可切分
Deflate	无	DEFLATE	.deflate	否
Gzip	gzip	DEFLATE	.gz	否
Bzip2	bzip2	bzip2	.bz2	是
LZO	lzop	LZO	.lzo	是
Snappy	无	Snappy	.snappy	否

为了支持多种压缩/解压缩算法，Hadoop 引入了编码/解码器，如表 6-2 所示。

表 6-2　Hadoop 适配的编码/解码器

压缩格式	对应的编码/解码器
Deflate	org.apache.hadoop.io.compress.DefaultCodec
Gzip	org.apache.hadoop.io.compress.GzipCodec
Bzip2	org.apache.hadoop.io.compress.BZip2Codec
LZO	com.hadoop.compression.lzo.LzopCodec
Snappy	org.apache.hadoop.io.compress.SnappyCodec

各类算法压缩性能的比较如表 6-3 所示。

表 6-3　各类算法压缩性能对比

压缩算法	原始文件大小	压缩文件大小	压缩速度	解压速度
Gzip	8.3GB	1.8GB	17.5MB/s	58MB/s
bzip2	8.3GB	1.1GB	2.4MB/s	9.5MB/s
LZO	8.3GB	2.9GB	49.3MB/s	74.6MB/s

（二）Hadoop 的压缩参数配置

要在 Hadoop 中启用压缩，可以配置表 6-4 中的参数（mapred-site.xml 文件中）。

表 6 - 4　配置参数表

参数	默认值	阶段	建议
io. compression. codecs（在 core - site. xml 中配置）	org. apache. hadoop. io. compress. DefaultCodec，org. apache. hadoop. io. compress. GzipCodec，org. apache. hadoop. io. compress. BZip2Codec，org. apache. hadoop. io. compress. Lz4Codec	输入压缩	Hadoop 使用文件扩展名判断是否支持某种编/解码器
mapreduce. map. output. compress	false	mapper 输出	参数设为 true 启用压缩
mapreduce. map. output. compress. codec	org. apache. hadoop. io. compress. DefaultCodec	mapper 输出	使用 LZO、LZ4 或 snappy 编/解码器在此阶段压缩数据
mapreduce. output. fileoutputformat. compress	false	reducer 输出	参数设为 true 启用压缩
mapreduce. output. fileoutputformat. compress. codec	org. apache. hadoop. io. compress. DefaultCodec	reducer 输出	使用标准工具或者编/解码器，如 gzip 和 bzip2
mapreduce. output. fileoutputformat. compress. type	RECORD	reducer 输出	SequenceFile 输出使用的压缩类型：NONE 和 BLOCK

三、任务实现

（一）开启 Map 输出阶段压缩（MR 引擎）

开启 Map 输出阶段压缩可以减少 job 中 Map 和 Reduce task 间数据传输量。具体配置如下。

（1）开启 Hive 中间传输数据压缩功能：

```
set hive. exec. compress. intermediate = true;
```

（2）开启 mapreduce 中 map 输出压缩功能：

```
set mapreduce. map. output. compress = true;
```

（3）设置 mapreduce 中 map 输出数据的压缩方式：

```
set mapreduce. map. output. compress. codec =
org. apache. hadoop. io. compress. SnappyCodec;
```

（4）执行查询语句（见图 6 - 1）：

```
select count(name) name from emp;
```

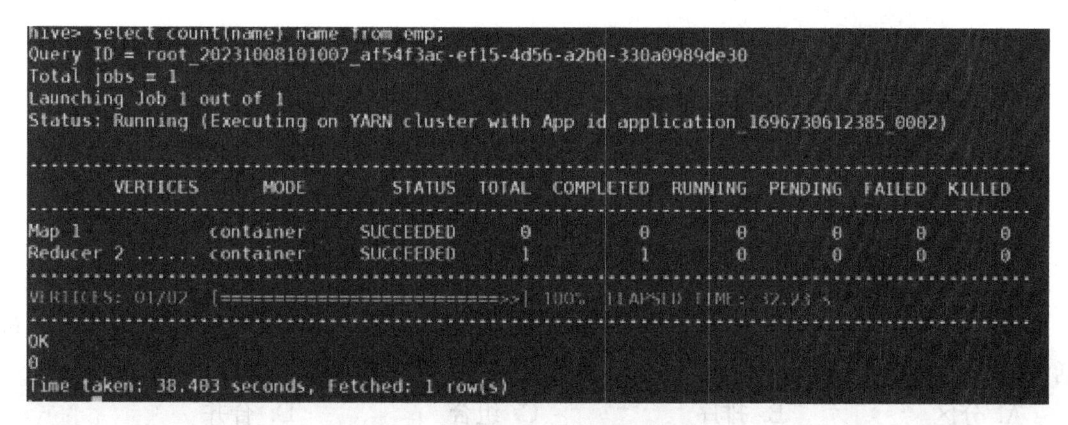

```
hive> select count(name) name from emp;
Query ID = root_20231008101007_af54f3ac-ef15-4d56-a2b0-330a0989de30
Total jobs = 1
Launching Job 1 out of 1
Status: Running (Executing on YARN cluster with App id application_1696730612385_0002)

----------------------------------------------------------------------------------------------
        VERTICES      MODE        STATUS  TOTAL  COMPLETED  RUNNING  PENDING  FAILED  KILLED
----------------------------------------------------------------------------------------------
Map 1            container     SUCCEEDED      0          0        0        0       0       0
Reducer 2 ...... container     SUCCEEDED      1          1        0        0       0       0
----------------------------------------------------------------------------------------------
VERTICES: 01/02  [==========================>>] 100%  ELAPSED TIME: 32.23 s
----------------------------------------------------------------------------------------------
OK
0
Time taken: 38.403 seconds, Fetched: 1 row(s)
```

图 6-1　Map 输出阶段压缩测试结果

（二）开启 Reduce 输出阶段压缩

当 Hive 将输出写入表中时，输出内容同样可以进行压缩。属性 hive. exec. compress. output 控制着这个功能。用户可能需要保持默认设置文件中的默认值 false，这样默认的输出就是非压缩的纯文本文件了。用户可以通过在查询语句或执行脚本中设置这个值为 true 来开启输出结果压缩功能。

（1）开启 Hive 最终输出数据压缩功能：

```
set hive. exec. compress. output = true;
```

（2）开启 mapreduce 最终输出数据压缩：

```
set mapreduce. output. fileoutputformat. compress = true;
```

（3）设置 mapreduce 最终数据输出压缩方式：

```
set mapreduce. output. fileoutputformat. compress. codec =
org. apache. hadoop. io. compress. SnappyCodec;
```

（4）设置 mapreduce 最终数据输出压缩为块压缩：

```
set mapreduce. output. fileoutputformat. compress. type = BLOCK;
```

（5）测试一下输出结果是否为压缩文件（见图 6-2）：

```
insert overwrite local directory
'/opt/module/datas/distribute-result' select * from emp distribute by deptid sort by empno desc;
```

```
----------------------------------------------------------------------------------------------
        VERTICES      MODE        STATUS  TOTAL  COMPLETED  RUNNING  PENDING  FAILED  KILLED
----------------------------------------------------------------------------------------------
Map 1            container     SUCCEEDED      0          0        0        0       0       0
Reducer 2 ...... container     SUCCEEDED      1          1        0        0       0       0
----------------------------------------------------------------------------------------------
VERTICES: 01/02  [==========================>>] 100%  ELAPSED TIME: 3.69 s
----------------------------------------------------------------------------------------------
Moving data to local directory /opt/module/datas/distribute-result
OK
Time taken: 6.069 seconds
```

图 6-2　Reduce 输出阶段压缩测试结果

四、 练习测验

（一） 单选题

(1) MR 支持的压缩编码不包括（　　）。

A. Deflate　　B. Gzip　　C. Bzip2　　D. Zip

(2) Reduce 阶段就是对多个 map 任务的输出进行（　　）。

A. 规约　　B. 排序　　C. 存储　　D. 筛选

(3) MapReduce 的计算过程中，Shuffle 阶段对 Map Task 的输出进行的处理包括（　　）。

A. 分区　　B. 排序　　C. 组合　　D. 合并

(4) 在 MapReduce 中，( ) 阶段，Mapper 执行 map task，将输出结果写入中间文件。

A. Shuffle　　B. Map　　C. Reduce　　D. Sort

（二） 判断题（正确的在括号内画“√”，错误的在括号内画“×”）

(1) 压缩比越大，说明数据压缩的程度越低。（　　）

(2) 目前实用的数据压缩技术，一般压缩计算量大于解压缩计算量。（　　）

(3) LZO 压缩算法的解压速度最低。（　　）

(4) bzip2 压缩算法压缩比最大。（　　）

(5) 开启 map 输出阶段压缩可以减少 job 中 map 和 Reduce task 间的数据传输量。（　　）

任务二　文件存储格式

一、 任务说明

从存储文件的压缩比和查询速度两个角度进行对比，测试不同文件存储格式的性能。本任务的具体要求如下：

(1) 将测试数据导入，使用不同的存储格式创建表。

(2) 向不同存储格式表中加载数据。

(3) 对比不同存储格式表中数据的大小。

二、 知识引入

(一) 列式存储和行式存储

1. 行存储的特点

数据是按照行数据为基础逻辑存储单元进行存储的，一行中的数据在存储介质中以连续存储形式存在。查询满足条件的一整行数据的时候，行存储找到其中一个值，其余的值都在相邻的地方，因此此时行存储查询的速度更快。

不足之处就是如果查询只涉及某几个列，它会把整行数据都读取出来，不能跳过不必要的列读取。当然数据比较少，一般没啥问题，如果数据量比较大就比较影响性能，还有就是由于每一行中，列的数据类型不一致，导致不容易获得一个极高的压缩比，也就是空间利用率不高。

2. 列存储的特点

数据是按照列为基础逻辑存储单元进行存储的，一列中的数据在存储介质中以连续存储形式存在。因为每个字段的数据聚集存储，在查询只需要少数几个字段的时候，能大幅度减少读取的数据量；每个字段的数据类型一定是相同的，列式存储可以针对性地设计更好的设计压缩算法。

TEXTFILE 和 SEQUENCEFILE 的存储格式都是基于行存储的。ORC 和 PARQUET 是基于列式存储的。

图 6-3 所示左边为逻辑表，右边第一个为行式存储，第二个为列式存储。

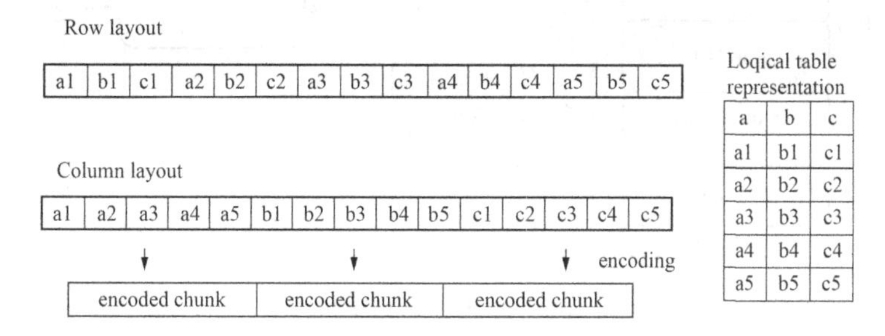

图 6-3　列式存储和行式存储

（二）TextFile 格式

默认格式，数据不做压缩，磁盘开销大，数据解析开销大。可结合 Gzip、Bzip2 使用，但使用 Gzip 这种方式，Hive 不会对数据进行切分，从而无法对数据进行并行操作。

（三）Orc 格式

Orc（Optimized Row Columnar）是 Hive 0.11 版里引入的新的存储格式。

图 6-4 所示可以看到每个 Orc 文件由 1 个或多个 Stripe 组成，每个 Stripe 一般为 HDFS 的块大小，每一个 Stripe 包含多条记录，这些记录按照列进行独立存储，对应到 Parquet 中的 row group（见图 6-5）的概念。每个 Stripe 里由三部分组成，分别是 Index Data、Row Data、Stripe Footer。

1. Index Data

一个轻量级的 index，默认是每隔 1W 行做一个索引。这里做的索引应该只是记录某行的各字段在 Row Data 中的 offset。

2. Row Data

存的是具体的数据，先取部分行，然后对这些行按列进行存储。对每个列进行了编码，分成多个 Stream 来存储。

3. Stripe Footer

存的是各个 Stream 的类型、长度等信息。

每个文件有一个 File Footer，这里面存的是每个 Stripe 的行数，每个 Column 的数据类型信息等；每个文件的尾部是一个 PostScript，这里面记录了整个文件的压缩类型及 File-Footer 的长度信息等。在读取文件时，会 seek 到文件尾部读 PostScript，从里面解析到 File Footer 长度，再读 FileFooter，从里面解析到各个 Stripe 信息，再读各个 Stripe，即从后往

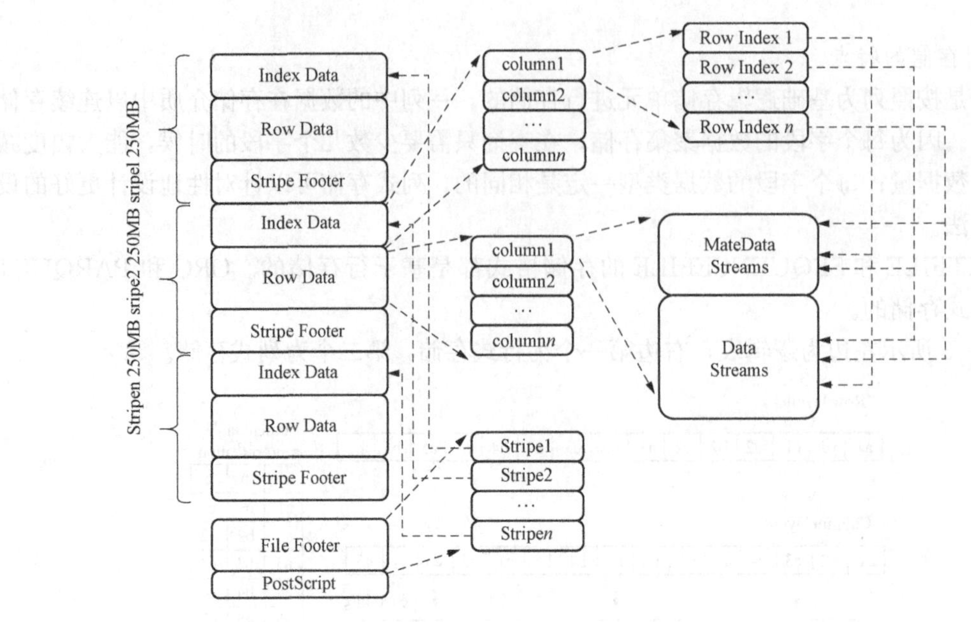

图 6 - 4　Orc 文件结构

前读。

（四）Parquet 格式

Parquet 文件是以二进制方式存储的，所以是不可以直接读取的，文件中包括该文件的数据和元数据，因此 Parquet 格式文件是自解析的。

1. 行组（Row Group）

每一个行组包含一定的行数，在一个 HDFS 文件中至少存储一个行组，类似于 ORC 的 stripe 的概念。

2. 列块（Column Chunk）

在一个行组中每一列保存在一个列块中，行组中的所有列连续地存储在这个行组文件中。一个列块中的值都是相同类型的，不同的列块可能使用不同的算法进行压缩。

3. 页（Page）

每一个列块划分为多个页，一个页是最小的编码单位，在同一个列块的不同页可能使用不同的编码方式。

通常情况下，在存储 Parquet 数据的时候会按照 Block 大小设置行组的大小，由于一般情况下每一个 Mapper 任务处理数据的最小单位是一个 Block，这样可以把每一个行组由一个 Mapper 任务处理，增大任务执行并行度。

图 6 - 3 展示了一个 Parquet 文件的内容，一个文件中可以存储多个行组，文件的首位都是该文件的 Magic Code，用于校验它是否是一个 Parquet 文件，Footer length 记录了文件元数据的大小，通过该值和文件长度可以计算出元数据的偏移量，文件的元数据中包括每一个行组的元数据信息和该文件存储数据的 Schema 信息。除了文件中每一个行组的元数据，每一页的开始都会存储该页的元数据，在 Parquet 中，有三种类型的页，即数据页、字典页和索引页。数据页用于存储当前行组中该列的值，字典页存储该列值的编码字典，每一个列块中最多包含一个字典页，索引页用来存储当前行组下该列的索引，目前 Parquet 中还不支持

索引页。

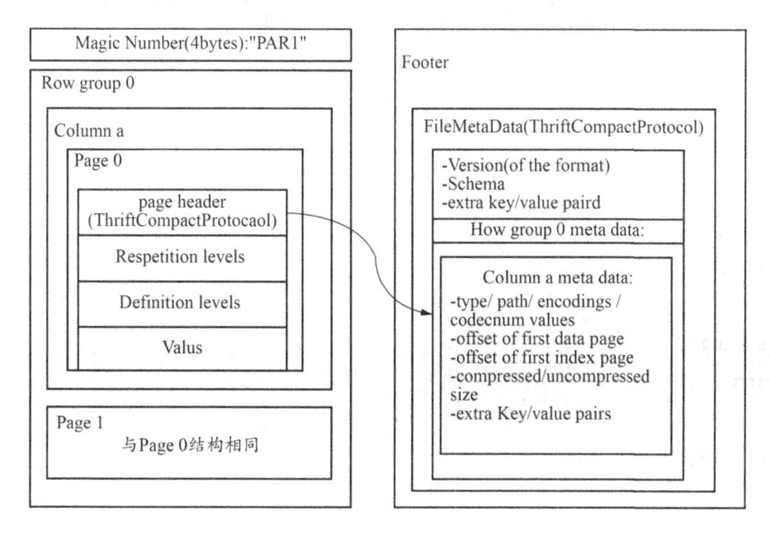

图 6-5　Parquet 文件

三、任务实现

（一）测试数据

该数据集为电商平台订单销售数据，数据量 10 万条，包含网页地址、商品 ID、引用、IP 地址、结束用户 ID、城市 ID 等信息。本任务实现以该数据为数据源进行下面的任务。

（二）TextFile

（1）创建表，存储数据格式为 TEXTFILE。

```
create table log_text (
track_time string,
url string,
session_id string,
referer string,
ip string,
end_user_id string,
city_id string
)
row format delimited fields terminated by '\t'
stored as textfile;
```

（2）向表中加载数据。

```
load data local inpath '/opt/data/log.data' into table log_text;
```

（3）查询表中数据的大小。

```
dfs -du -h /user/hive/warehouse/company_db.db/log_text;
```

运行结果如图 6-6 所示。

```
18.1 M  18.1 M  /user/hive/warehouse/company_db.db/log_text/log.data
```

图 6-6 TextFile 运行结果

（三） ORC

(1) 创建表，存储数据格式为 ORC。

```
create table log_orc(
track_time string,
url string,
session_id string,
referer string,
ip string,
end_user_id string ,
city_id string
)
row format delimited fields terminated by '\t'
stored as orc
tblproperties("orc. compress" = "NONE");
```

(2) 向表中加载数据。

注意：不能使用 load 方式加载数据，需要 insert into 方式或者上述方式，即一定要通过 MapReduce 任务加载数据。

```
insert into table log_orc select * from log_text;
```

(3) 查看表中数据的大小。

```
dfs -du -h/user/hive/warehouse/company_db. db/log_orc;
```

运行结果如图 6-7 所示。

```
7.7 M  7.7 M  /user/hive/warehouse/company_db.db/log_orc/000000_0
```

图 6-7 ORC 运行结果

（四） Parquet

(1) 创建表，存储数据格式为 parquet。

```
create table log_parquet(
track_time string,
url string,
session_id string,
referer string,
ip string,
end_user_id string,
city_id string
)
row format delimited fields terminated by '\t'
```

```
stored as parquet;
```

（2）向表中加载数据。

```
insert into table log_parquet select * from log_text;
```

（3）查看表中数据的大小。

```
dfs -du -h /user/hive/warehouse/company_db.db/log_parquet;
```

运行结果如图 6-8 所示。

```
13.1 M  13.1 M  /user/hive/warehouse/company_db.db/log_parquet/000000_0
```

图 6-8　ORC 运行结果（一）

通过运行结果对比可以发现，存储文件的压缩比为

ORC > Parquet > TextFile。

存储文件的查询速度测试如下。

（1）TextFile。

```
select count(*) from log_text;
```

运行结果如图 6-9 所示。

```
100000
Time taken: 17.232 seconds, Fetched: 1 row(s)
```

图 6-9　TextFile 运行结果

（2）ORC。

```
select count(*) from log_orc;
```

运行结果如图 6-10 所示。

```
100000
Time taken: 0.139 seconds, Fetched: 1 row(s)
```

图 6-10　ORC 运行结果（二）

（3）Parquet。

```
select count(*) from log_parquet;
```

运行结果如图 6-11 所示。

```
100000
Time taken: 0.196 seconds, Fetched: 1 row(s)
```

图 6-11　Parquet 运行结果

通过上述查询我们总结效率对比如表 6-5 所示。

表 6-5　　3种存储格式效率对比

存储格式	使用时间/s
TextFile	17.232
ORC	0.139
Parquet	0.196

存储文件的查询速度总结：查询速度 ORC 和 Parquet 远快于 Text File。

四、 练习测验

（一） 单选题

1. 下面关于行存储和列存储的说法，正确的是（　　）。
A. 行存储，数据按行存储在底层文件系统中。通常，每一行会被分配固定的空间
B. 列存储有利于增加/修改整行记录等操作，有利于整行数据的读取操作
C. 列存储整行读取时，可能需要多次 I/O 操作
2. 以下（　　）文件格式为纯行式存储。
A. ORC File　　B. Parquet File
C. Sequence File　　D. RC File
3. ORC 存储格式支持的压缩类型为（　　）。
A. Gzip　　B. LZ4　　C. Bzip2　　D. Snappy
4. 下面关于 Hive 格式的描述，正确的是（　　）。
A. TextFile 存储方式为列存储
B. TextFile 格式的数据磁盘开销不大
C. 使用 TextFile 时 Hive 会对数据进行切分
D. TextFile 格式是 Hive 的默认存储格式
5. 下面关于 Hive 的描述，错误的是（　　）。
A. TextFile 格式的文件就算结合了 Gzip 压缩格式，也无法对数据进行并行操作
B. SequenceFile 是 Hadoop API 提供的一种二进制文件支持
C. RCFile 是一种行存储格式
D. ORC 文件是基于 RCFile 格式的一种优化

（二） 判断题（正确的在括号内画 “√”， 错误的在括号内画 “×”）

1. 在实际的项目开发中，Hive 表存储格式一般选择 ORC 或 Parquet，压缩方式一般 Snappy、LZo。（　　）
2. ORC 存储格式文件默认采用 Zlib 压缩格式。（　　）
3. Parquet 默认使用 Gzip 压缩格式。（　　）
4. ORC 可以支持复杂的数据结构（如 Map 等）。（　　）
5. Parquet 对于大型查询的类型是高效的，对于扫描特定表格中特定列的查询，Parquet 特别有用。（　　）

任务三 存储和压缩结合

一、 任务说明

在大数据领域，存储和压缩是两个重要的操作。有效地管理和存储海量数据对于提高存储效率和查询性能至关重要。而压缩则可以减少数据的存储空间和传输成本。在 Hive 中，存储和压缩可以结合使用，通过选择适当的文件格式和压缩编码，以及使用分区和存储桶等技术来提高数据的存储效率和查询性能。本任务的具体要求如下。

（1）测试 ORC 存储和压缩。

（2）测试 Parquet 存储和压缩。

二、 知识引入

1. ORC 存储方式的压缩

ORC（Optimized Row Columnar）是一种列式存储格式，在 Hive 中广泛应用于大规模数据的存储和查询。ORC 格式提供了高压缩比和快速查询的优势，可以通过选择合适的压缩编码来进一步提高存储效率。可以上 Apache 官网下载。ORC 存储方式如表 6 - 6 所示。

表 6 - 6 ORC 存储方式

关键字（Key）	默认（Default）	说明（Notes）
orc. compress	ZLIB	高级压缩（无，ZLIB 压缩，SNAPPY 压缩） high level compression (one of NONE, ZLIB, SNAPPY)
orc. compress. size	262，144	压缩块字节数 number of bytes in each compression chunk
orc. stripe. size	268，435，456	每个 stripe 中的字节数 number of bytes in each stripe
orc. row. index. stride	10000	索引项之间的行数（不少于 1000） number of rows between index entries (must be >= 1000)
orc. create. index	true	是否创建索引 whether to create row indexes
orc. bloom. filter. columns	" "	列表中列名用逗号分隔，并创建对应的布隆过滤器 comma separated list of column names for which bloom filter should be created
orc. bloom. filter. fpp	0. 05	布隆过滤器的误判率（必须在 0～1 之间） false positive probability for bloom filter (must >0. 0 and <1. 0)

注意：所有关于 ORCFile 的参数都是在 HQL 语句的 TBLPROPERTIES 字段里面出现的。

2. Parquet 存储和压缩

Parquet 是一种列式存储格式，也是在 Hive 中广泛应用于大规模数据的存储和查询的选择。Parquet 格式以其高效的压缩和快速的查询性能而受到青睐。在 Parquet 存储和压缩方面，可以采取多种策略来提高数据存储效率和查询性能。

三、任务实现

（一）测试 ORC 存储和压缩

1. 创建一个 Zlib 压缩的 ORC 存储方式

（1）建表语句：

```
create table log_orc_zlib(
track_time string,
url string,
session_id string,
referer string,
ip string,
end_user_id string,
city_id string
)
row format delimited fields terminated by '\t'
stored as orc
tblproperties("orc. compress" = "ZLIB");
```

（2）插入数据：

```
insert into log_orc_zlib select * from log_text;
```

（3）查看插入后的数据：

```
dfs -du -h /user/hive/warehouse/company_db. db/log_orc_zlib;
```

运行结果如图 6-12 所示。

```
2.8 M  2.8 M  /user/hive/warehouse/company_db.db/log_orc_zlib/000000_0
```

图 6-12 Zlib 压缩的 ORC 存储方式运行结果

2. 创建一个 snappy 压缩的 ORC 存储方式

（1）建表语句：

```
create table log_orc_snappy(
track_time string,
url string,
session_id string,
referer string,
ip string,
end_user_id string,
city_id string
)
row format delimited fields terminated by '\t'
stored as orc
```

```
tblproperties("orc.compress"="SNAPPY");
```

（2）插入数据：

```
insert into log_orc_snappy select * from log_text;
```

（3）查看插入后数据：

```
dfs -du -h /user/hive/warehouse/company_db.db/log_orc_snappy;
```

运行结果如图 6-13 所示。

```
3.7 M  3.7 M  /user/hive/warehouse/company_db.db/log_orc_snappy/000000_0
```

图 6-13　snappy 压缩的 ORC 运行结果

上一节中默认创建的 ORC 存储方式，导入数据后的大小为 7.7MB，两种压缩方法均能在不同程度上对数据进行压缩，压缩比：zlib＞snappy。在 ORC 中 Zlib 采用的是 deflate 压缩算法。比采用 snappy 压缩的文件小。存储方式和压缩总结如下。

在 ORC 存储格式中，通过设置压缩参数为 snappy，对比其默认的 deflate 压缩，Zlib 压缩比更高，snappy 压缩效率更高，原因是 snappy 使用一种基于查表的压缩和解压缩算法，可以避免频繁的内存分配和复制操作，从而提高了压缩和解压缩的速度。与之相比，deflate 算法采用一种基于哈希的动态编码算法，需要频繁地进行哈希计算和树构建操作，因此在压缩速度方面不如 snappy。

实际开发需要根据具体场景而进行选择，如果追求效率且对数据失真不做要求，则选择 snappy；如果追求压缩比，则选择 Zlib。

（二）测试 Parquet 存储和压缩

创建一个 snappy 压缩的 Parquet 存储方式如下。

1. 建表语句

```
create table log_parquet_snappy(
track_time string,
url string,
session_id string,
referer string,
ip string,
end_user_id string,
city_id string
)
row format delimited fields terminated by '\t'
stored asparquet
tblproperties("parquet.compression"="SNAPPY");
```

2. 插入数据

```
insert into log_parquet_snappy select * from log_text;
```

3. 查看插入后数据

```
dfs -du -h /user/hive/warehouse/company_db.db/log_parquet_snappy;
```

运行结果如图 6-14 所示。

```
6.4 M  6.4 M  /user/hive/warehouse/company_db.db/log_parquet_snappy/000000_0
```

图 6-14 Parquet 存储运行结果

上一节中默认创建的 Parquet 存储方式，导入数据后的大小为 13.1MB，压缩后，数据大小为 6.4MB。在 Parquet 存储格式中，通过设置压缩参数为 Snappy，对比不采用压缩，其空间利用率更高。实际开发需要根据具体场景而进行选择，如果追求内存利用率，则选择 Snappy 压缩格式。

四、 练习测验

（一） 单选题

1. 下面关于 Hive 对于 Parquet 格式的描述，正确的是（　　）。

A. Parquet 支持压缩编码：uncompressed，Snappy，Gzip，LZO

B. Snappy 压缩具有更好的压缩比

C. Gzip 压缩具有更好的性能

D. Hive 一直支持 Parquet 格式

2. 下面关于 Hive 的 SequenceFile 格式的描述，正确的是（　　）。

A. SequenceFile 是二进制文件格式，以 list 的形式序列化到文件中

B. SequenceFile 存储方式：列存储

C. SequenceFile 不可分割、压缩

D. SequenceFile 优势是文件和 Hadoop API 中的 MapFile 是相互兼容的

3. Parquet 是一种什么类型的存储格式？（　　）

A. 行式存储格式　　B. 列式存储格式

C. 层次存储格式　　D. 全文存储格式

4. 下列哪种压缩编码常用于 Parquet 文件？（　　）

A. ZIP　　B. TAR　　C. Snappy　　D. RAR

5. 字典编码在 Parquet 中的主要目的是什么？（　　）

A. 提供数据加密　　B. 增加数据冗余

C. 改进查询效率　　D. 减少存储空间

（二） 判断题（正确的在括号内画“√”，错误的在括号内画“×”）

1. Parquet 文件格式适用于实时数据处理和交互式查询。（　　）

2. Parquet 文件的主要优势是它支持高度可压缩的数据存储。（　　）

3. Parquet 文件格式仅适用于结构化数据，无法存储半结构化或非结构化数据。（　　）

4. ORC 文件格式在处理大型数据集时的性能一般优于 Parquet 文件格式。（　　）

5. ORC 文件存储格式只能在 Hadoop 分布式文件系统上使用，无法在其他系统上读取和写入。（　　）

PART 7

项目七 数据智能调优

学习目标

●掌握表的调优基本知识及使用方法。
●熟悉 Hive SQL 中 Map 及 Reduce 的优化技巧。
●深入应用 Hive 的 Map 和 Reduce 的实际案例。

项目描述

在实际生产环境中，我们经常会遇到包含海量关键数据的表格，该表格通常涉及查询频率较高的业务场景，如指定 Key 计算、分类统计等。然而，由于数据量大、查询复杂度高，可能会导致查询性能下降，甚至影响整个数据仓库的稳定性。

该项目旨在对 Hive 数据仓库中的百万级别日志数据进行数据调优，以提升查询性能和系统效率。有针对性地优化表结构、数据划分和查询语句，可以有效减少查询时间、降低资源消耗，并提高系统整体的可扩展性和稳定性。通过该实践项目的学习，大家将掌握 HQL 中 MapReduce 在企业级环境下的调优技巧，了解如何优化 MapReduce 作业以提高系统的性能、可伸缩性和稳定性，以应对大规模数据处理的挑战。

通过优化参数、处理数据倾斜、空 Key 转换，合理设置 Join 处理顺序，合理设置 Reduce 数据等手段可以有效提高作业的性能。了解如何处理故障和确保作业的稳定性，解决数据倾斜问题，压缩中间数据及优化数据本地性，可以加速作业执行，提高执行效率。通过完成这个项目，大家将获得实际场景中调优 MapReduce 作业的能力，为企业级大数据处理提供高效解决方案。

任务一 表的优化

一、任务说明

在企业级数据库系统中，表的优化是一个关键任务。通过对表的设计和调整，可以显著提升数据库的性能。本任务旨在帮助学生了解和应用表的优化技巧，以提高数据库系统的效率和响应能力。本任务的具体要求如下。

（1）通过对空关键字（Key）进行设置，解决小表和大表 Join 时大小表数据量相差过大造成的效率低问题。

（2）使用 MapJoin 技术，在 Map 阶段加载小表到内存，并与大表进行 Join 操作以提高效率。

(3) 根据查询需求和表结构，选择合适的字段作为分组键，对数据采用 Group by 进行分组聚合优化。

二、知识引入

(一) 小表 Join 大表

在电商数据分析项目中，通常订单数据存储在一个庞大的事实表中，而产品信息则存储在一个相对较小的维度表中。当查找的数据存放在不同表中时，需要使用 Join 操作连接两个表进行联合查询，此时，我们需要考虑选择何种 Join 操作顺序，才能更高效地完成查询任务。

在这个场景中，选择小表 Join 大表的操作顺序是更为合理的选择。这是因为大表通常包含大量的订单数据，而小表相对较小，只包含产品信息。将小表 Join 到大表中，可以减少数据传输的需求，降低网络开销，从而提高查询效率。

另外，两表 Join 时将 Key 相对分散，并且数据量小的表放在 Join 的左边，这样可以有效减少内存溢出错误发生的几率；进一步来说，可以使用 Map Join 让数据量小的维度表（1000 条以下的记录条数）先进内存，在 Map 端完成 Reduce。

实际测试发现：新版的 Hive 已经对小表 Join 大表和大表 Join 小表进行了优化。小表放在左边和右边已经没有明显区别。

(二) 大表 Join 大表

在一个大规模的数据分析项目中，尝试执行一个 Join 操作，将两个数据表关联起来。然而，我们遇到了 Join 超时的问题。这是为什么呢?

这里需要分两种情况进行处理。第一种是 Key 值为空且为异常数据，我们需要将异常数据进行过滤。第二种 Key 值为空，但是其对应的数据为非异常数据，我们需要对空 Key 进行转换，从而达到优化查询效率的目的。

1. 空 Key 过滤

有时 Join 超时是因为某些 Key 对应的数据太多，而相同 Key 对应的数据都会发送到相同的 Reducer 上，从而导致内存不够。此时我们应该仔细分析这些关键字，很多情况下，这些关键字对应的数据是异常数据，如 Key 值为 null，对应的数据是异常数据，我们需要在 SQL 语句中进行处理，过滤掉 Key 值为 null 的数据。

2. 空 Key 转换

当 Join 超时时，不是由于异常数据引起的，而是因为某些特定的 Key 值对应的数据在表中数量非常庞大，导致 Join 操作性能下降而引起的。这个 Join 超时问题需要解决，同时需要保留对这些大量数据的需求，因为它们不是异常数据，而是正常的业务数据。

对于上述情况，虽然某个 Key 为 null 对应的数据很多，但是相应的数据不是异常数据，必须要包含在 Join 的结果中，此时我们可以为数据表中 Key 值为空的字段赋一个随机的值，使得数据随机均匀地分不到不同的 Reducer 上。

(三) MapJoin (MR 引擎)

如果不指定 MapJoin 或者不符合 MapJoin 的条件，那么 Hive 解析器会将 Join 操作转换成 Common Join，即在 Reduce 阶段完成 Join，容易发生数据倾斜。那该如何解决呢？我们可以用 MapJoin 把小表全部加载到内存，在 Map 端进行 Join，避免 Reducer 处理。

1. 开启 MapJoin 参数设置

（1）设置自动选择 MapJoin。

```
set hive.auto.convert.join = true; //默认为 true
```

（2）大表小表的阈值设置（默认 25MB 以下是小表）：

```
set hive.mapjoin.smalltable.filesize = 25000000;
```

MR 引擎图示如图 7-1 所示。

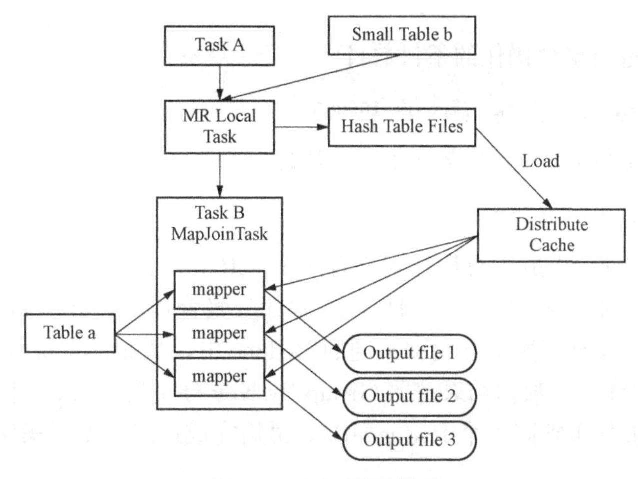

图 7-1 MR 引擎图示

2. MapJoin 工作机制

（1）Task A。它是一个 Local Task（在客户端本地执行的 Task），负责扫描小表 b 的数据，将其转换成一个 HashTable 的数据结构，并写入本地的文件中，之后将该文件加载到 DistributeCache。

（2）Task B。该任务是一个没有 Reduce 的 R 启动 MapTasks 扫描大表 a，在 Map 阶段，根据表 a 的每一条记录去和 DistributeCache 中表 b 对应的 HashTable 关联，并将结果直接输出。

（3）由于 MapJoin 没有 Reduce，因此由 Map 直接输出结果文件，有多少个 Map Task，就有多少个结果文件。

（四）Group By

当我们去做某个分析任务时，默认情况下，Map 阶段同一 Key 数据分发给一个 Reduce，当一个 Key 数据过大时就倾斜了。对于这样的情况，我们需要使用 Group By 语句在 Hive 中对数据进行分组操作，并结合聚合函数对每个分组内的数据进行计算。

并不是所有的聚合操作都需要在 Reduce 端完成，很多聚合操作都可以先在 Map 端进行部分聚合，最后在 Reduce 端得出最终结果，如图 7-2 所示。

开启 Map 端聚合参数设置：

（1）是否在 Map 端进行聚合，默认为 True。

```
set hive.map.aggr = true
```

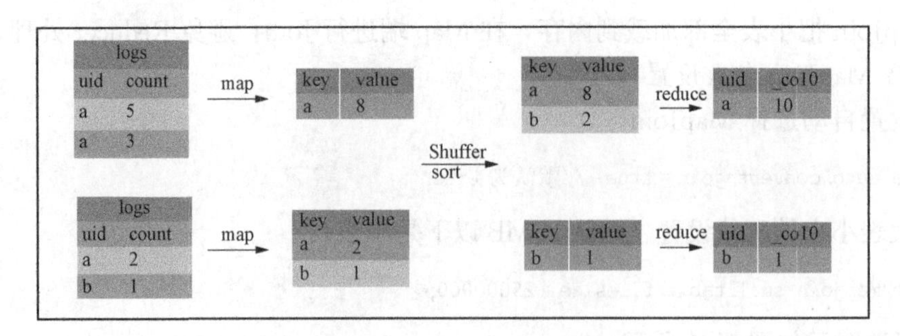

图7-2　Group By执行示意图

（2）在Map端进行聚合操作的条目数目。

```
set hive.groupby.mapaggr.checkinterval = 100000
```

（3）有数据倾斜的时候进行负载均衡（默认是false）。

```
set hive.groupby.skewindata = true
```

当选项设定为true，生成的查询计划会有两个MR Job。第一个MR Job中，Map的输出结果会随机分布到Reduce中，每个Reduce做部分聚合操作，并输出结果，这样处理的结果是相同的分组Key有可能被分发到不同的Reduce中，从而达到负载均衡的目的；第二个MR Job再根据预处理的数据结果按照Group By Key分布到Reduce中（这个过程可以保证相同的分组Key被分布到同一个Reduce中），最后完成最终的聚合操作。

三、任务实现

1. 数据优化——空Key过滤

（1）创建原始数据表、空id表、Join后表：

```
//创建原始数据表
create table ori(id bigint, t bigint, uid string, keyword string, url_rank int, click_num int, click_url string) row format delimited fields terminated by '\t';
//创建空id表
create table nullidtable(id bigint, t bigint, uid string, keyword string, url_rank int, click_num int, click_url string) row format delimited fields terminated by '\t';
//创建join后表的语句
create table jointable(id bigint, t bigint, uid string, keyword string, url_rank int, click_num int, click_url string) row format delimited fields terminated by '\t';
```

（2）分别加载原始数据和空id数据到对应表中，数据请扫描右侧二维码进行下载。

加载原始数据和空id数据

```
load data local inpath '/opt/data/ori' into table ori;
load data local inpath '/opt/data/nullid' into table nullidtable;
```

（3）测试不过滤空id。

```
insert overwrite table jointable select n.* from nullidtable n
left join ori o on n.id = o.id;
```

代码运行结果如图 7-3 所示。

```
Loading data to table company_db.jointable
OK
Time taken: 131.676 seconds
```

图 7-3　运行结果

(4) 测试过滤空 id。

```
insert overwrite table jointable select n. * from (select * from nullidtable where id is not null )
n left join ori o on n. id = o. id;
```

代码运行结果如图 7-4 所示。

```
Loading data to table company_db.jointable
OK
Time taken: 34.268 seconds
```

图 7-4　空 Key 过滤运行结果

结论：可以看到，过滤掉 Key 值为 null 的异常数据后，HQL 语句的执行效率显著提高。

2. 数据优化——空 Key 转换

(1) 设置 5 个 reduce 数：

```
set mapreduce. job. reduces = 5;
```

(2) Join 两张表（不随机分布空 null 值）：

```
insert overwrite table jointable
select n. * from nullidtable n left join ori b on n. id = b. id;
```

代码执行结果如图 7-5 所示。

```
Loading data to table company_db.jointable
OK
Time taken: 40.208 seconds
```

图 7-5　不设置空 Key 替换查询

(3) Join 两张表（随机分布空 null 值）：

```
insert overwrite table jointable
select n. * from nullidtable n full join ori o on
nvl(n. id,rand()) = o. id;
```

代码执行结果如图 7-6 所示。

结论：可以看到，设置空 Key 替换为随机数，然后查询的效率要高于不替换空 Key 查询的效率。

```
Loading data to table company_db.jointable
OK
Time taken: 35.012 seconds
```

图 7-6　设置空 Key 替换查询

3. MapJoin 优化

（1）先看同一数据表进行查询时效率对比。

1）执行查询语句：

```
insert overwrite table jointable
select n. * from nullidtable n full join ori o on
nvl(n. id,rand()) = o. id;
```

代码执行结果如图 7-7 所示。

```
Loading data to table company_db.jointable
OK
Time taken: 38.975 seconds
```

图 7-7　开启 MapJoin 运行结果

2）关闭 MapJoin 功能：

```
set hive. auto. convert. join = false; //默认为 true
```

3）执行同样的查询语句：

```
insert overwrite table jointable
select n. * from nullidtable n full join ori o on
nvl(n. id,rand()) = o. id;
```

运行结果如图 7-8 所示。

```
Loading data to table company_db.jointable
OK
Time taken: 40.885 seconds
```

图 7-8　关闭 MapJoin 运行结果

（2）模拟倾斜数据查询，在开启 MapJoin 的情况下，对比不同程度倾斜数据的查询效率。

1）创建数据表。创建 smalltable 表，用于存放 10 万条数据。

```
create table smalltable(
id int,
t string,
uid string,
keyword string,
```

```
url_rank int,
click_num int,
click_url string)
row format delimited fields terminated by "\t";
```

创建 bigtable 表，用于存放 100 万条海量数据。

```
create table bigtable(
id int,
t string,
uid string,
keyword string,
url_rank int,
click_num int,
click_url string)
row format delimited fields terminated by "\t";
```

导入数据，具体数据请扫描右侧二维码下载。

smalltable 和 bigtable 数据

```
load data local inpath "/opt/data/smalltable" into table smalltable;
load data local inpath "/opt/data/bigtable" into table bigtable;
```

2）执行小表 Join 大表语句。

a. 开启 Mapjoin 功能：

```
set hive.auto.convert.join = true;
```

b. 大表小表的阈值设置（默认 25MB 以下为小表）：

```
set hive.mapjoin.smalltable.filesize = 25000000;
```

c. 执行代码：

```
insert overwrite table jointable
select b.id, b.t, b.uid, b.keyword, b.url_rank, b.click_num, b.click_url
from smalltable s
left join bigtable b
on s.id = b.id;
```

执行结果如图 7-9 所示。

```
Loading data to table company_db.jointable
OK
Time taken: 25.522 seconds
```

图 7-9　小表 Join 大表结果——开启 MapJoin 优化

d. 关闭 MapJoin 功能：

```
set hive.auto.convert.join = false;
```

e. 执行 c 的代码：

```
insert overwrite table jointable
select b. id, b. t, b. uid, b. keyword, b. url_rank, b. click_num, b. click_url
from smalltable s
left join bigtable b
on s. id = b. id;
```

代码执行结果如图 7-10 所示。

```
Loading data to table company_db.jointable
OK
Time taken: 31.169 seconds
```

图 7-10 小表 Join 大表结果——关闭 MapJoin 优化

3）执行大表 Join 小表语句。

a. 开启 Mapjoin 功能：

```
set hive. auto. convert. join = true;
```

b. 大表小表的阈值设置（默认 25MB 以下为小表）：

```
set hive. mapjoin. smalltable. filesize = 25000000;
```

c. 执行代码：

```
insert overwrite table jointable
select b. id, b. t, b. uid, b. keyword, b. url_rank, b. click_num, b. click_url
from bigtable b
left join smalltable s
on s. id = b. id;
```

代码执行结果如图 7-11 所示。

```
Loading data to table company_db.jointable
OK
Time taken: 30.229 seconds
```

图 7-11 大表 Join 小表结果——开启 MapJoin 优化

d. 关闭 MapJoin 功能：

```
set hive. auto. convert. join = false;
```

e. 执行 c 的代码：

```
insert overwrite table jointable
select b. id, b. t, b. uid, b. keyword, b. url_rank, b. click_num, b. click_url
from bigtable b
left join smalltable s
on s. id = b. id;
```

代码执行结果如图 7-12 所示。

```
Loading data to table company_db.jointable
OK
Time taken: 45.266 seconds
```

图 7-12　大表 Join 小表结果——关闭 MapJoin 优化

四、练习测验

（一）单选题

（1）在 Hive 中，对于频繁进行范围查询的列，应该使用什么类型来存储数据？（　　）

A. STRING　　B. INT　　C. DECIMAL　　D. DATE

（2）当需要频繁进行按照某列排序的操作时，应该对该列创建什么类型的索引？（　　）

A. Bitmap 索引　　B. B 树索引　　C. 哈希索引　　D. R 树索引

（3）在 Hive 中，用于存储大量小文件的表应该使用哪种文件格式来提高查询性能？（　　）

A. TextFile　　B. SequenceFile　　C. Parquet　　D. ORC

（4）如果一个 Hive 表中的数据量很大，但是查询经常只需要部分列的数据，应该采取什么策略来优化查询性能？（　　）

A. 向表中添加分区　　B. 使用压缩算法压缩数据

C. 使用内部表而不是外部表　　D. 使用块过滤器（Block Filter）

（二）判断题（正确的在括号内画 “√”，错误的在括号内画 “×”）

（1）Hive 表的分区数越多，查询性能越好。（　　）

（2）Hive 表的列式存储可以减少查询时扫描的数据量。（　　）

（3）使用索引可以加快 Hive 表的插入操作。（　　）

（4）Hive 表不支持添加主键约束。（　　）

（5）Hive 表的存储格式对查询性能没有影响。（　　）

任务二　MR 引擎调优

一、任务说明

通常情况下，作业会通过 input 的目录产生一个或多个 map 任务，主要的决定因素有：input 的文件总个数、input 的文件大小和集群设置的文件块大小。

任务执行过程中，是否 map 数越多越好？答案是否定的。如果一个任务有很多小文件（远小于块大小 128MB），则每个小文件也会被当作一个块，用一个 map 任务来完成，而一个 map 任务启动和初始化的时间远大于逻辑处理的时间，就会造成很大的资源浪费。而且，同时可执行的 map 数是受限的。

是否保证每个 map 处理接近 128MB 的文件块就高枕无忧了？答案也是不一定。比如，有一个 127MB 的文件，正常会用一个 map 去完成，但这个文件只有一个或者两个小字段，有几千万条记录，如果 map 处理的逻辑比较复杂，那么用一个 map 任务去完成的话，肯定是比较耗时的。

二、知识引入

(一)复杂文件增加 Map 数

在一个大规模数据处理项目中，我们使用 Hive 来处理大型输入文件。数据处理任务涉及的文件数据规模庞大，且处理逻辑复杂，涉及多个表之间的 Join、聚合、筛选等复杂操作。在这种情况下，如何有效管理和优化 Hive 任务，以确保高效处理这些庞大的输入文件并满足复杂的任务逻辑要求呢?

当 input 的文件都很大时，任务逻辑复杂，Map 执行非常慢的时候，可以考虑增加 Map 数来使得每个 Map 处理的数据量减少，从而提高任务的执行效率。增加 Map 的方法：根据 computeSliteSize (Math. max (minSize, Math. min (maxSize, blocksize))) = blockSize = 128MB，调整 maxSize (最大) 的值。让 maxSize 的值低于 blockSize 就可以增加 Map 的个数了。

直接在命令行通过指令设定即可，例如：

```
SET mapreduce. input. fileinputformat. split. minsize = 128MB;
```

Hive 在执行查询操作时，会根据每个输入文件的大小和设置的输入分片大小来计算合适的 Mapper 个数。调整 mapreduce. input. fileinputformat. split. maxsize 的值，使其小于 128MB，可以通过增加 Mapper 的个数来提高查询的并行度和性能。

注意，增加并行度也会增加资源消耗，因此在实际应用中应该根据集群资源及查询负载的情况进行合理的调节。过多的 Mapper 可能会导致资源竞争或者过度切分的问题，需要综合考虑。

(二)小文件进行合并

在一个大数据处理项目中，输入数据源包含大量小文件。这些小文件的数量庞大，每个文件的大小相对较小。在使用 Hive 进行数据处理时，如何有效地处理这些小文件，以提高性能和效率，并减少任务的复杂度，并缩短运行时间?

(1) 在 Map 执行前合并小文件，减少 Map 数。

CombineHiveInputFormat 具有对小文件进行合并的功能 (系统默认的格式)。HiveInputFormat 没有对小文件合并的功能。

```
set hive. input. format = org. apache. hadoop. hive. ql. io. CombineHiveInputFormat;
```

(2) 在 Map - Reduce 的任务结束时合并小文件。

在 map - only 任务结束时合并小文件，默认为 true：

```
SET hive. merge. mapfiles = true;
```

在 Map - Reduce 任务结束时合并小文件，默认为 false：

```
SET hive. merge. mapredfiles = true;
```

合并文件的大小，默认 256MB：

```
SET hive. merge. size. per. task = 268435456;
```

当输出文件的平均大小小于该值时，启动一个独立的 Map - Reduce 任务进行文件合并（16MB）：

```
SET hive.merge.smallfiles.avgsize = 16777216;
```

（三）合理设置 Reduce 数

在一个大规模的数据处理项目中，我们使用 Hive 执行一个复杂的数据处理任务，涉及庞大的数据量和多个阶段的数据转换和聚合操作。在这个任务中，如何合理设置 Reduce 任务的数量，以优化任务的性能和资源利用率，并确保任务可以在合理的时间内完成？

1. 调整 reduce 个数的方法一

（1）每个 Reduce 处理的数据量默认是 256MB：

```
set hive.exec.reducers.bytes.per.reducer = 256000000
```

（2）每个任务最大的 Reduce 数，默认为 1009：

```
set hive.exec.reducers.max = 1009
```

（3）计算 Reducer 数的公式：

```
N = min(1009,总输入数据量/256MB)
```

2. 调整 Reduce 个数方法二

设置每个 job 的 Reduce 个数：

```
set mapreduce.job.reduces = 15;
```

3. 调整 Reduce 个数方法三

在自定义的 mapred - site.xml 文件中添加配置项：

```
< property>
< name> mapreduce.job.reduces< /name>
< value> 15< /value>
< /property>
```

来设置 Reduce 任务的个数。

4. Reduce 个数并不是越多越好

（1）过多的启动和初始化 reduce 也会消耗时间和资源。

（2）有多少个 reduce，就会有多少个输出文件，如果生成了很多个小文件，那么如果这些小文件作为下一个任务的输入，则也会出现小文件过多的问题。

在设置 reduce 个数的时候需要考虑以下两个原则：

1）处理海量数据时，需要设置合适的 reduce 数。

2）单个 reduce 任务处理数据量大小要合适，避免造成数据倾斜。

（四）动态分区

在 MapReduce 任务中，通常需要根据输入数据进行分区，以便将数据分发到不同的 Mapper 任务进行处理。

静态分区，是指在任务开始前，就已经确定了分区方案的区域。而动态分区则是指在任务运行时根据输入数据自适应地生成分区方案，从而达到更好的数据加载和处理效果。

在实际应用中，动态分区能够解决静态分区所带来的许多问题。例如，如果静态分区设计得不合理，会导致数据倾斜或者 Mapper 任务之间的负载不均衡。而使用动态分区，在处理过程中可以动态地调整每个分区的大小，以保证每个 Mapper 任务的负载均衡和整体性能的提升。

在 MR 引擎中进行动态分区调优，通常需要考虑以下几方面：

（1）数据量分布情况。在任务运行前，通过对输入数据的分布情况进行分析，可以确定最佳的动态分区方案。例如，可以选择通过输入数据量、数据分布的均匀度、关键字段等，动态地生成合适的分区方案。

（2）动态分区算法。在选择动态分区算法时，需要综合考虑负载均衡、性能开销和分区的粒度等因素。常见的动态分区算法包括按大小均匀分区、按键值分区、按采样分区等。

（3）部署优化。在 MR 引擎中，部署优化是非常关键的，可以通过优化网络带宽、内存和磁盘的使用方式，以及分布式计算节点的资源分配方式来提高整体性能。

三、 任务实现

动态分区

如果数据倾斜（某个键值的数据量远大于其他键值），则可以使用随机前缀（Randomized Prefix）技术来分散数据，减轻倾斜的影响。

在任务一已经创建的 jointable 表的基础上，我们进行实操。

（1）创建新表，使用随机前缀作为分区字段。

```
CREATE TABLE processed_data (
  id_prefix STRING, --添加随机前缀作为分区字段
  t STRING,
  uid STRING,
  keyword STRING,
  url_rank INT,
  click_num INT,
  click_url STRING
)
PARTITIONED BY (id_partition INT) --实际的 id 分区字段
STORED AS ORC;
```

（2）开启动态分区：

```
SET hive.exec.dynamic.partition.mode = nonstrict;
```

（3）执行 INSERT 操作，将原始数据插入新表中，同时生成随机前缀并分配到相应的分区。

```
--生成随机前缀,并插入数据到新表中
INSERT OVERWRITE TABLE processed_data
PARTITION (id_partition)
SELECT
  CONCAT(FLOOR(RAND() * 100), '_', id) AS id_prefix, --生成随机前缀
```

```
    t,
    uid,
    keyword,
    url_rank,
    click_num,
    click_url,
    id --实际的 id 分区字段
FROM jointable;
```

使用 CONCAT（FLOOR（RAND（）* 100），'_'，id）语句生成一个随机前缀，并将其与实际的 id 字段拼接起来作为新表中的 id_prefix 字段的值。

通过以上步骤，我们成功使用了随机前缀技术处理数据倾斜问题，并将原始数据插入新表中。每个 id 都附加了一个随机前缀，从而将数据分散到不同的分区中，减轻了数据倾斜的问题。

四、练习测验

（一）单选题

1. 在 Hive 中，对于复杂文件，如 Avro 或 JSON，我们应该采取什么策略来增加 Map 数以提高查询性能？（　　）

A. 使用压缩算法压缩数据

B. 使用 ORC 文件格式存储数据

C. 使用分区表来减少数据量

D. 使用适当的输入格式和解析器

2. 在 Hive 中，设置哪个参数可以调整 Map 数以处理复杂文件？（　　）

A. hive. exec. parallel

B. hive. optimize. inputformat. parallel

C. hive. exec. max. split. size

D. hive. exec. reducers. bytes. per. reducer

3. 调整 Map 数对处理复杂文件的哪个方面具有影响？（　　）

A. 数据排序和分组操作的性能

B. 数据加载和写入操作的性能

C. 数据过滤和筛选操作的性能

D. 数据连接和关联操作的性能

4. 在 Hive 中，为什么增加 Map 数可以提高处理复杂文件的查询性能？（　　）

A. 提高了并行度，加快了数据处理速度

B. 减少了数据冗余，提高了存储利用率

C. 优化了输入输出格式，减少了数据传输开销

D. 加快了元数据操作，提高了元数据的查询效率

5. 在 Hive 中，通过增加 Map 数来处理复杂文件，可能会带来的潜在问题是什么？（　　）

A. 增加了网络传输开销
B. 增加了内存消耗
C. 增加了数据存储开销
D. 增加了系统负载和调度开销

（二）判断题（正确的在括号内画“√”，错误的在括号内画“×”）

1. 增加 Map 数可以提高处理复杂文件的查询性能。（ ）
2. 增加 Map 数可能会增加系统的负载和调度开销。（ ）
3. 设置 hive. optimize. inputformat. parallel 参数可以调整 Map 数。（ ）
4. 复杂文件的处理主要受到数据排序和分组操作的影响。（ ）
5. 使用 ORC 文件格式存储复杂文件可以减少数据加载和写入操作的性能。（ ）

PART 8

项目八
综合实践——智慧电商数据分析平台

学习目标

●掌握 Hive 的应用实战分析技术

●掌握可视化技术应用

项目描述

随着互联网的快速发展和电商市场的蓬勃发展，越来越多的消费者选择通过电商平台进行购物。这导致电商平台产生了大量的交易日志数据，其中蕴含着丰富的用户行为信息、销售趋势和业务洞察。传统的数据分析方法已经无法满足电商企业对于海量交易所产生的日志数据的处理和分析需求。而电商企业在日常运营中需要了解用户的行为习惯、购物偏好及产品的销售情况，以便有针对性地优化产品、服务和营销策略，提升用户体验和销售额。基于以上需求，智慧电商数据分析平台项目应运而生。该项目通过利用先进的数据分析技术，对交易日志数据进行智能化的处理和分析，从中提取有价值的信息，为电商企业提供深入洞察和精准决策提供支持。

智慧电商数据分析平台项目旨在通过对电商平台的交易日志数据进行分析，提供有关用户行为、销售趋势和业务洞察的详细信息。该项目将帮助电商企业深入了解其业务运营情况，优化销售策略，提升用户体验，并做出基于数据的决策。

一、 项目目标

智慧电商数据分析平台项目将帮助电商企业实现以下目标：

（1）理解用户行为和购买习惯：通过分析交易日志数据，了解用户在电商平台上的细节行为，如点击、浏览、购买等，以及不同用户群体之间的差异和趋势。

（2）发现热门商品和销售趋势：通过分析交易日志数据，识别畅销商品、季节性销售变化、地域差异等，帮助企业优化商品库存管理和采购计划。

（3）提高交易安全性：通过对交易日志数据进行异常检测和分析，早期发现并解决潜在的交易风险，如异常订单、欺诈行为和支付问题。

（4）实施个性化推荐和营销策略：基于历史交易数据和用户行为，利用机器学习算法预测用户喜好和需求，提供个性化的推荐和营销方案，从而提高客户转化率和销售额。

（5）数据驱动的决策：通过对交易日志数据的深度分析，为电商企业提供全面的业务洞察和数据支持，帮助决策者做出基于数据的运营和战略决策，提升竞争力。

二、项目实施步骤

项目实施步骤如下：

（1）数据采集与存储：实时或定期从电商平台的交易日志中收集数据，并将其存储到合适的数据库或数据仓库中，以备后续分析使用。

（2）数据清洗与预处理：对采集到的交易日志数据进行清洗、转换和预处理，以确保数据的准确性和一致性。

（3）用户行为分析：通过对交易日志中的用户行为数据进行分析，识别用户偏好、购买习惯及潜在的流失因素。例如，分析用户点击、浏览、购买等行为，确定热门商品、购物车转化率等指标。

（4）销售趋势分析：根据交易日志中的商品销售数据，分析销售趋势、销售额、销售渠道等。例如，识别热门商品、销售季节性变化和地域差异等。

（5）交易异常监测：通过对交易日志数据进行异常检测和分析，及时发现并解决潜在的交易风险。例如，检测异常订单、欺诈行为和支付问题。

（6）数据可视化与报告：将分析结果以直观的图表、可视化仪表板和报告的形式展示，以便决策者更好地理解数据，并做出相应的业务决策。

本项目图解如图 8-1 所示。

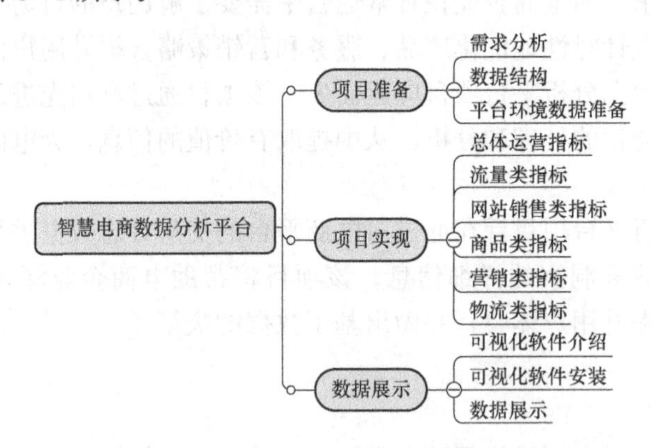

图 8-1　本项目图解

任务一　项目准备

一、需求分析

智慧电商数据分析平台项目的需求分析主要包括以下几方面：

（1）数据采集和整合：收集电商平台的交易日志，将其存储到合适的数据库或数据仓库中，并保证数据的准确性、完整性和实时性。

（2）数据清洗和预处理：对采集到的数据进行清洗、转换和预处理，以确保数据的质量。

（3）用户行为分析：通过分析交易日志中的用户行为数据，如点击、浏览、购买等，识别并分析用户偏好、购买习惯和潜在的流失因素等。

（4）销售趋势分析：通过分析销售数据，如销售额、销售渠道等，发现热门商品及其销售趋势，优化库存管理和采购计划。

（5）交易异常监测：通过分析交易日志数据，检测异常订单、欺诈行为和支付问题等，提高交易的安全性。

（6）数据可视化和报告：将分析结果以直观的图表、可视化仪表板和报告的形式展示，帮助决策者更好地理解数据，并做出相应的业务决策。

二、数据结构

电商平台信息数据字段信息表字段设计，见表 8-1～表 8-7。

表 8-1　　订　单　表

字段解释	字段名	数据类型
订单 ID	order _ id	bigint
订单时间	order _ time	bigint
买家 ID	user _ id	bigint
商品 ID	goods _ id	bigint
买家 IP	user _ ip	string
收货地址	ship _ add（Shipping address）	string
手机号	phone _ no	string
点击来源	click _ source	string
单点费用	click _ cost	float
订单完成时间	pay _ ct（Payment completion time）	bigint
订单状态	pay _ status（Payment status）	string

表 8-2　　访　客　表

字段解释	字段名	数据类型
访问 IP	access _ ip	string
访问时间	access _ time	bigint
网页跳转时间	jump _ time	bigint
用户 ID	user _ id	bigint
手机号	phone _ no	string
商品 ID	goods _ id	bigint
访问链接	access _ con（access connection）	string
访问事件	access _ event	string
点击来源	click _ source	string
单点费用	click _ cost	float

表 8-3 商品类目表

字段解释	字段名	数据类型
商品 ID	goods _ id	bigint
商品名称	goods _ name	string
作者	author	string
出版社	press	string
出版时间	pub _ time（published time）	string
IDBN 编号	IDBN	bigint
定价	pricing	float
商品售价	goods _ price	float
月销量	mon _ sales（month sales）	bigint
发货地址	del _ add（delivery address）	string

表 8-4 退款表（一）

字段解释	字段名	数据类型
订单 ID	order _ id	bigint
买家 ID	user _ id	bigint
图书 ID	goods _ id	bigint
买家 IP	user _ ip	string
订单时间	order _ time	bigint
退款时间	refund _ time	bigint
收货地址	ship _ add（Shipping address）	string
手机号	phone _ no	string
运费险	fre _ ins（Freight insurance）	string
退款原因	refund _ reason	string

表 8-5 退款表（二）

字段解释	字段名	数据类型
订单 ID	order _ id	bigint
买家 ID	user _ id	bigint
图书 ID	goods _ id	bigint
买家 IP	user _ ip	string
订单时间	order _ time	bigint
退款时间	refund _ time	bigint
收货地址	ship _ add（Shipping address）	string
手机号	phone _ no	string
运费险	fre _ ins（Freight insurance）	string
退款原因	refund _ reason	string

表 8-6　　　　物　流　表

字段解释	字段名	数据类型
订单 ID	order _ id	bigint
物流单号	log _ num（Logistics single number）	bigint
发货时间	del _ time（The delivery time）	bigint
收货时间	rec _ time（Receiving time）	bigint

表 8-7　　　　用　户　表

字段解释	字段名	数据类型
用户 ID	user _ id	bigint
性别	gender	string
年龄	age	bigint
访问时间	access _ time	bigint
最后一次登录时间	last _ login（Last login time）	bigint
点击来源	click _ source	string

具体数据请扫描右侧二维码进行下载。

电商平台信息数据字段数据

三、平台环境数据准备

1. 创建数据表

创建 orders 订单表：

```
create table orders(
order_id bigint,order_time bigint,
user_id bigint,
goods_id bigint,
user_ip string,
ship_add string,
phone_no string,
click_source string,
click_cost float,
pay_ct bigint,
pay_status string)
row format delimited fields terminated by "\t";
```

创建访客 visitors 表：

```
create table visitors(
access_ip string,
access_time bigint,
jump_time bigint,
user_id bigint,
```

```
phone_no string,
goods_id bigint,
access_con string,
access_event string,
click_source string,
click_cost float)
row format delimited fields terminated by "\t";
```

创建商品类目 item 表：

```
create table item(
goods_id bigint,
goods_name string,
author string,
press string,
pub_time string,
IDBN bigint,
pricing float,
goods_price float,
mon_sales bigint,
del_add string)
row format delimited fields terminated by "\t";
```

创建退款 refund 表：

```
create table refund(
order_id bigint,
user_id bigint,
goods_id bigint,
user_ip string,
order_time bigint,
refund_time bigint,
ship_add string,
phone_no string,
fre_ins string,
refund_reason string)
row format delimited fields terminated by "\t";
```

创建物流 logistics 表：

```
create table logistics(
order_id bigint,
log_num bigint,
del_time bigint,
rec_time bigint)
row format delimited fields terminated by "\t";
```

创建用户 users 表：

```
create table users(
user_id bigint,
gender string,
age bigint,
access_time bigint,
last_login bigint,
click_source string)
row format delimited fields terminated by "\t";
```

2. 向数据表插入数据

```
load data local inpath '/opt/data/orders.txt' into table orders;
load data local inpath '/opt/data/visitors.txt' into table visitors;
load data local inpath '/opt/data/item.txt' into table item;
load data local inpath '/opt/data/refund.txt' into table refund;
load data local inpath '/opt/data/logistics.txt' into table logistics;
load data local inpath '/opt/data/users.txt' into table users;
```

任务二 项 目 实 现

一、 总体运营指标

本运营指标从时间维度、地域、渠道等重点维度对 9 个指标进行多方位分析，总体运营指标如图 8 - 2 所示。

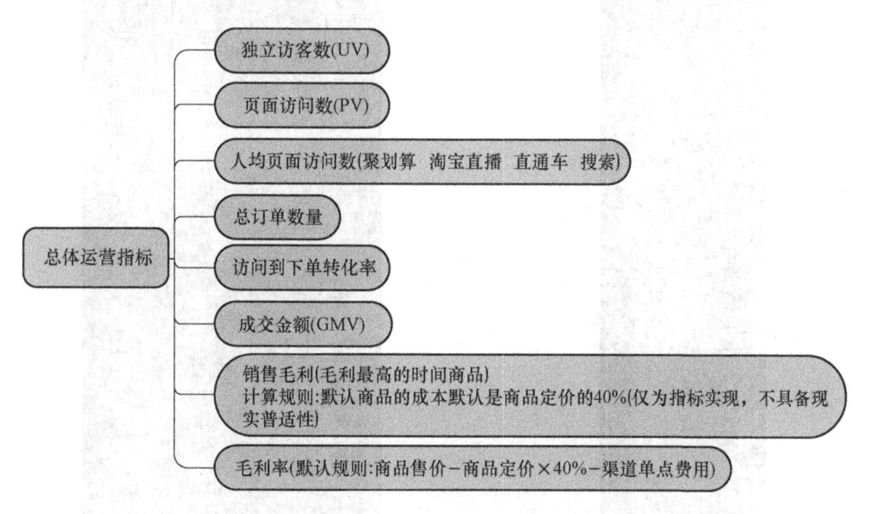

图 8 - 2 总体运营指标

(一) 独立访客数

1. 时间维度

首先转换时间戳成 24 小时的格式（别名为 h），然后查询 IP 的重复值（运用 count 方法去重），最后按照 h 分组，并且用 IP 连接两张表（这样得到的 IP 就是去重后的 IP）。

```
select a1.h,count(a1.h) from
(select user_id,from_unixtime(order_time,'HH') h from orders) a1,
(select user_id,count(user_id) from orders group by user_id) b1
where h is not null
and a1.user_id = b1.user_id
group by h;
```

查询结果如图 8-3 所示。

2. 地域维度

首先使用 split 方法提取出省份（别名为 add），然后查询 IP 的重复值（运用 count 方法去重），最后按照 add 分组，并且用 IP 连接两张表（这样得到的 IP 就是去重后的 IP）。

```
select a1.add,count(a1.add) from
(select user_id,split(ship_add,'')[0] add from orders ) a1,
(select user_id,count(user_id) from orders group by user_id) b1
where add is not null
and a1.user_id = b1.user_id
group by add;
```

查询结果如图 8-4 所示。

00	63
01	45
02	58
03	50
04	46
05	51
06	53
07	49
08	52
09	59
10	69
11	37
12	55
13	58
14	47
15	63
16	57
17	61
18	66
19	69
20	47
21	50
22	45
23	56

图 8-3 独立访客数-时间维度

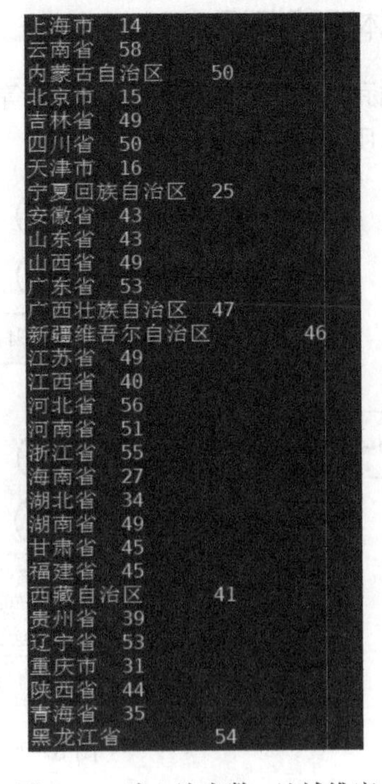

上海市	14
云南省	58
内蒙古自治区	50
北京市	15
吉林省	49
四川省	50
天津市	16
宁夏回族自治区	25
安徽省	43
山东省	43
山西省	49
广东省	53
广西壮族自治区	47
新疆维吾尔自治区	46
江苏省	49
江西省	40
河北省	56
河南省	51
浙江省	55
海南省	27
湖北省	34
湖南省	49
甘肃省	45
福建省	45
西藏自治区	41
贵州省	39
辽宁省	53
重庆市	31
陕西省	44
青海省	35
黑龙江省	54

图 8-4 独立访客数-地域维度

3. 渠道维度

首先转换时间戳成 24 小时的格式（别名为 h），然后查询 IP 的重复值（运用 count 方法去重），最后按照 h 分组，并且用 IP 连接两张表（这样得到的 IP 就是去重后的 IP）。

```
select a1.cik,count(a1.cik) from
(select user_id,click_source cik from orders ) a1,
(select user_id,count(user_id) from orders group by user_id) b1
where cik is not null
and a1.user_id = b1.user_id
group by cik;
```

查询结果如图 8 - 5 所示。

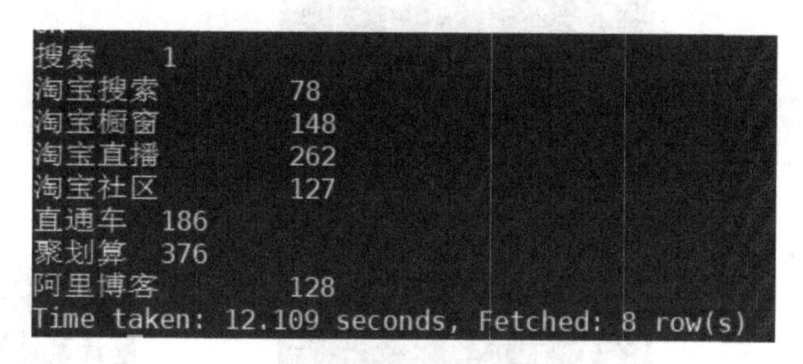

图 8 - 5　独立访客数 - 渠道维度

（二）页面访问数（PV）

1. 时间维度

首先转换时间戳成 24 小时的格式（别名为 h），然后按照 h 分组，最后求出每个时间段的 PV。

```
select a1.h,count(a1.h) from
(select from_unixtime(order_time,'HH') h,user_id from orders ) a1
where h is not null
group by h;
```

查询结果如图 8 - 6 所示。

2. 地域维度

首先使用 split 方法提取出省份（别名为 add），然后按照 add 分组，最后求出每个地区的 PV。

```
select a1.add,count(a1.add) from
(select split(ship_add,' ')[0] add,user_id from orders) a1
where add is not null
group by add;
```

查询结果如图 8 - 7 所示。

3. 渠道维度

首先查询出点击来源（别名为 cik），然后按照 cik 分组，最后求出每个点击来源的 PV。

```
select a1.cik,count(a1.cik) from
(select click_source cik,user_id from orders) a1
where cik is not null
```

```
group by cik;
```

查询结果如图 8-8 所示。

00	63
01	45
02	58
03	50
04	46
05	51
06	53
07	49
08	52
09	59
10	69
11	37
12	55
13	58
14	47
15	63
16	57
17	61
18	66
19	69
20	47
21	50
22	45
23	56

图 8-6　页面访问数-时间维度

上海市	14
云南省	58
内蒙古自治区	50
北京市	15
吉林省	49
四川省	50
天津市	16
宁夏回族自治区	25
安徽省	43
山东省	43
山西省	49
广东省	53
广西壮族自治区	47
新疆维吾尔自治区	46
江苏省	49
江西省	40
河北省	56
河南省	51
浙江省	55
海南省	27
湖北省	34
湖南省	49
甘肃省	45
福建省	45
西藏自治区	41
贵州省	39
辽宁省	53
重庆市	31
陕西省	44
青海省	35
黑龙江省	54

图 8-7　页面访问数-地域维度

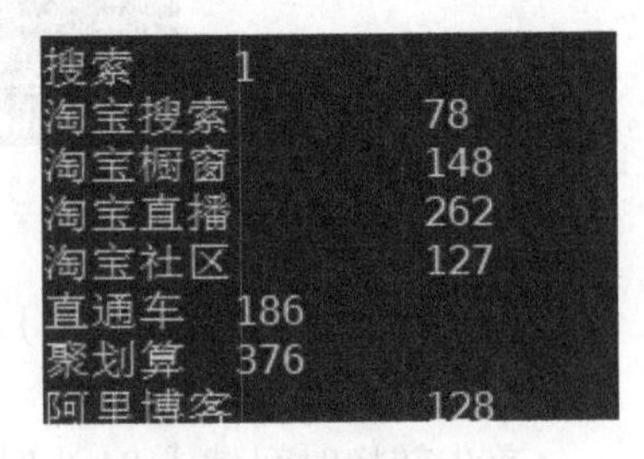

搜索	1
淘宝搜索	78
淘宝橱窗	148
淘宝直播	262
淘宝社区	127
直通车	186
聚划算	376
阿里博客	128

图 8-8　页面访问数-渠道维度

00	0.27685088633993743
01	0.2846715328467153
02	0.26173096976016685
03	0.2502606882168926
04	0.24869655891553702
05	0.2591240875912409
06	0.27007299270072993
07	0.2518248175182482
08	0.2732012513034411
09	0.2726798748696559
10	0.25495307612095935
11	0.2533889468196038
12	0.25599582898852974
13	0.2570385818561001
14	0.25443169968717416
15	0.2872784150156413
16	0.2523461939520334
17	0.2653806047966632
18	0.27528675703858185
19	0.2805005213764338
20	0.22679874869655892
21	0.2497393117831074
22	0.2664233576642336
23	0.2434827945776851

图 8-9　人均页面访问数-时间维度

（三）人均页面访问数

1. 时间维度

首先转换时间戳成 24 小时的格式（别名为 h），按照 h 分组，查出每小时的访客数量，再除以访客量。

```
select t1.h,t1.cou/t2.cou from
(select h,count(h) cou from
(select from_unixtime(access_time,'HH') h from visitors) t
group by h) t1,
(select count(user_id) cou from users) t2;
```

查询结果如图 8-9 所示。

2. 渠道维度

求各个页面点击来源：

```
select t1.click_source,t1.cou/t2.cou from
(select click_source,count(access_ip) cou from visitors
group by click_source) t1,
(select click_source,count(user_id) cou from users group by
click_source) t2
where t1.click_source = t2.click_source;
```

查询结果如图 8-10 所示。

```
聚划算	14.549800796812749
淘宝社区		4.653386454183267
淘宝橱窗		5.431111111111111
直通车	2.994871794871795
淘宝搜索		5.095238095238095
淘宝直播		4.945833333333334
Time taken: 10.489 seconds, Fetched: 6 row(s)
```

图 8-10　人均页面访问数-渠道维度

（四）总订单数量

1. 时间维度

首先转换时间戳成 24 小时的格式（别名为 h），然后按照 h 分组，最后求出每个时间段的订单总数量。

```
select a1.h,count(a1.h) from
(select from_unixtime(order_time,'HH') h from orders) a1
where h is not null
group by h;
```

查询结果如图 8-11 所示。

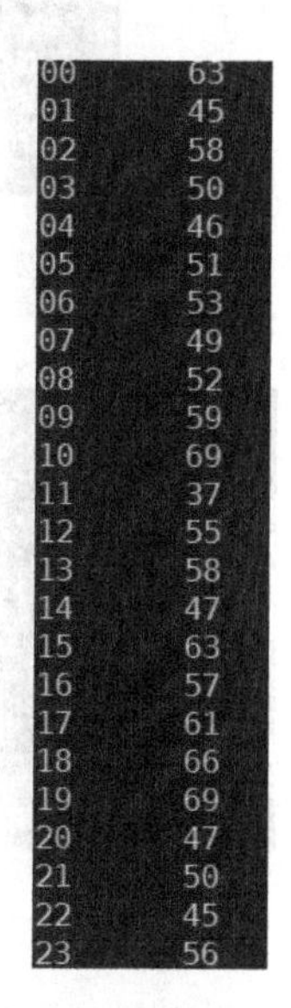

```
00	63
01	45
02	58
03	50
04	46
05	51
06	53
07	49
08	52
09	59
10	69
11	37
12	55
13	58
14	47
15	63
16	57
17	61
18	66
19	69
20	47
21	50
22	45
23	56
```

图 8-11　总订单数量-时间维度

2. 空间维度

首先使用 split 方法提取出省份（别名为 add），然后按照 add 分组，最后求出每个地区的订单总数量。

```
select a1.add,count(a1.add) from
(select split(ship_add,' ')[0] add from orders) a1
where add is not null
group by add;
```

查询结果如图 8-12 所示。

3. 渠道维度

首先查询出点击来源（别名为 cik），然后按照 cik 分组，最后求出每个渠道来源的订单总数量。

```
select a1.cik,count(a1.cik) from
(select click_source cik from orders) a1
where cik is not null
group by cik;
```

查询结果如图 8-13 所示。

（五）成交金额

商品交易总额 GMV＝销售额＋取消订单金额＋拒收订单金额＋退货订单金额：

```
select sum(t3.a) from
(select t1.cou * t2.goods_price a from
(select count(goods_id) cou from orders group by goods_id) t1,
```

```
(select goods_id,goods_price from item) t2
where t1. cou = t2. goods_id) t3;
```

查询结果如图 8-14 所示。

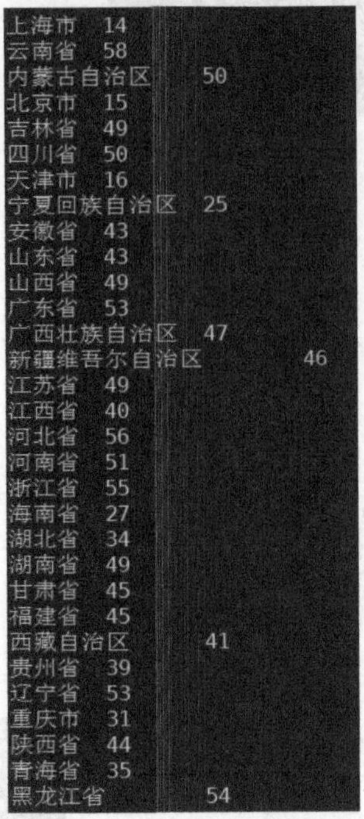

```
上海市	14
云南省	58
内蒙古自治区	50
北京市	15
吉林省	49
四川省	50
天津市	16
宁夏回族自治区	25
安徽省	43
山东省	43
山西省	49
广东省	53
广西壮族自治区	47
新疆维吾尔自治区	46
江苏省	49
江西省	40
河北省	56
河南省	51
浙江省	55
海南省	27
湖北省	34
湖南省	49
甘肃省	45
福建省	45
西藏自治区	41
贵州省	39
辽宁省	53
重庆市	31
陕西省	44
青海省	35
黑龙江省	54
```

图 8-12　总订单数量-空间维度

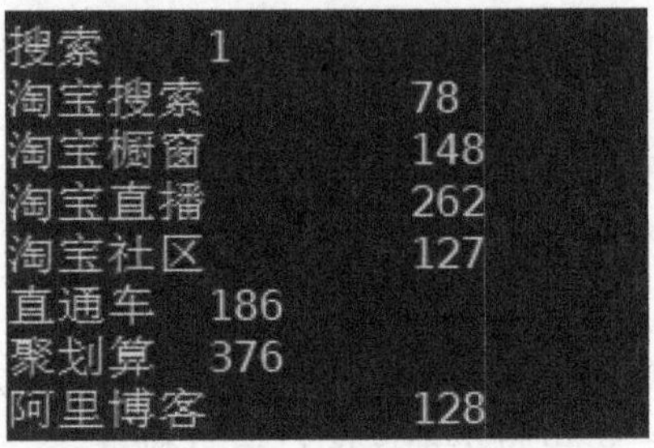

```
搜索	1
淘宝搜索	78
淘宝橱窗	148
淘宝直播	262
淘宝社区	127
直通车	186
聚划算	376
阿里博客	128
```

图 8-13　总订单数量-渠道维度

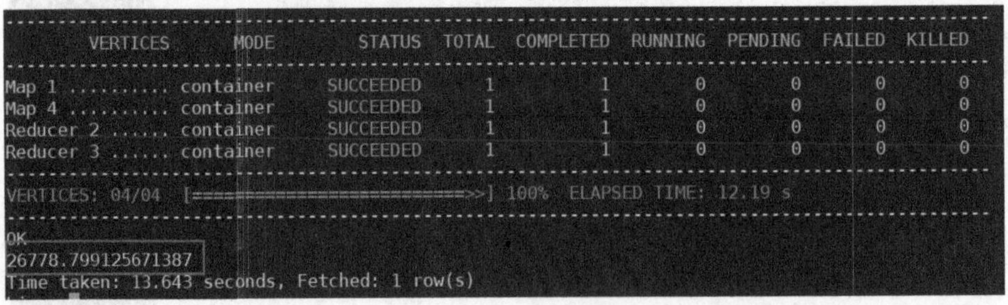

```
----------------------------------------------------------------------------------------------
        VERTICES      MODE        STATUS  TOTAL  COMPLETED  RUNNING  PENDING  FAILED  KILLED
----------------------------------------------------------------------------------------------
Map 1 .......... container     SUCCEEDED      1          1        0        0       0       0
Map 4 .......... container     SUCCEEDED      1          1        0        0       0       0
Reducer 2 ...... container     SUCCEEDED      1          1        0        0       0       0
Reducer 3 ...... container     SUCCEEDED      1          1        0        0       0       0
----------------------------------------------------------------------------------------------
VERTICES: 04/04  [==========================>>] 100%  ELAPSED TIME: 12.19 s
----------------------------------------------------------------------------------------------
OK
26778.799125671387
Time taken: 13.643 seconds, Fetched: 1 row(s)
```

图 8-14　成交金额

（六）客单价=销售额/购买人数

客单价，是指对于一个特定的商业活动（如零售店、餐厅等），在一定时间内，所实现的总销售额除以购买该商品或服务的人数，得到的每位顾客平均消费金额。这个指标可以用来衡量一家商业机构的收入情况和经营效率。如果客单价增加，说明顾客购买的单品价格提高或者购买的数量增加。反之，则可能意味着营销策略需要进行调整。

先从 item 表中得到商品月销售额，然后从 orders 表中拿到下单的总人数，用销售额除以购买人数（订单数）即为客单价。

```
select a1. sum/b1. cou from
```

```
(select goods_price * mon_sales sum from item) a1,
(select count(user_id) cou from orders) b1;
```

查询结果如图 8－15 所示。

（七）销售毛利 （毛利最高的时间商品）

计算规则：默认商品的利润是原商品定价的 60%。

使用商品单价减去定价的 40%，然后乘以月销量即为毛利。

```
select (goods_price-0.4*pricing) * mon_sales from Item;
```

查询结果如图 8－16 所示。

```
30.031931948698315
22.31577215735069
18.9252667974732
0.07304747436897313
24.541193589682237
27.792953794984687
12.56967840735069
4.738131699846861
10.187749001004978
22.528024203196782
35.765696784073505
2.6274120570324464
2.564318716799866
2.218070481491673
15.79709035222052
3.2989892652900075
1.5568146639907159
4.355742800655628
133.64854517611025
157.26255024885145
```

图 8－15　客单价

```
33301.797
-111020.805
10370.099
-48503.004
34329.6
7783.599
6986.201
13161.36
20512.398
31859.998
13769.998
13519.995
7787.5176
90751.5
84614.4
```

图 8－16　毛利

（八）毛利率

```
select (goods_price-0.4*pricing) / goods_price from item;
```

查询结果如图 8－17 所示。

二、 流量类指标

流量类指标如图 8－18 所示。

（一）跳出率

跳出率（Bounce Rate），是指访问网站或特定页面后，在没有与之交互的情况下离开的用户所占的比例。简单来说，跳出率是衡量用户访问网站后是否继续探索其他内容的指标。

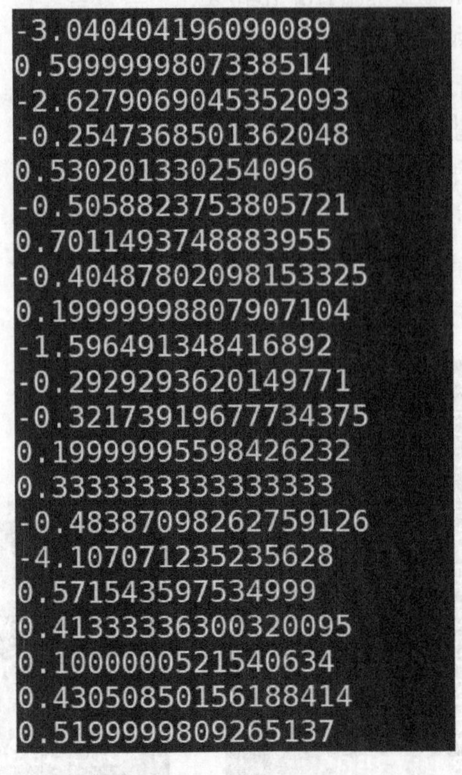

图 8-17　毛利率

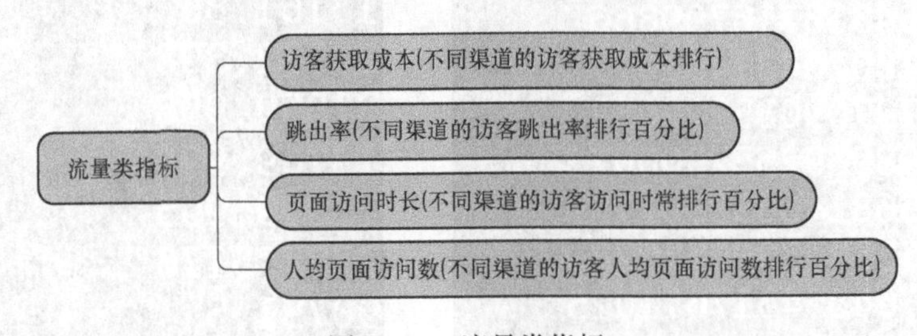

图 8-18　流量类指标

跳出率可以反映用户的兴趣程度和网站质量。如果跳出率较高，表示大部分用户在进入网站后很快离开，可能是因为网站内容不符合他们的期望、加载速度过慢、导航不清晰等原因。相反，如果跳出率较低，说明用户对网站内容感兴趣，并且愿意浏览更多页面或与网站进行进一步互动。

需要注意的是，跳出率也可以有不同的解释和使用场景。在某些情况下，用户只需要查看单个页面就能满足其需求，此时高跳出率不一定代表用户体验不好。例如，一个常见的情况是用户通过搜索引擎找到了他们需要的答案，点击进入网站后直接离开，这种情况下高跳出率是合理的。

跳出率是网站分析中的一个重要指标，通过监测跳出率可以帮助网站优化改进用户体验、调整页面布局、提升内容吸引力等，从而提高用户留存和转化率。

1. 先求跳出用户

从访客记录表 visitors 中查询所有访客事件为'launch'的记录，然后按照“访客 IP”进行分组统计，最后筛选出只访问了一次（访问事件数量为 1）的访客 IP 和其访问次数。

指定数据源为访客记录表 visitors，选择访客 IP 和访问事件数量的计数器（取名为 cou）作为结果集，筛选出“访客事件”为'launch'的访问记录，按照访客 IP 进行分组，将相同 IP 的访问记录汇总到一起，方便进行统计分析。在已经分组的基础上，筛选出访问事件数量等于 1 的 IP 地址和对应的访问次数。Having 子句是对 Group By 分组后结果的过滤条件，只保留符合条件的分组结果，所以只有访问事件数量为 1 的分组才会被筛选出来。

```
select access_ip,count(access_event) cou from visitors
where access_event = 'launch'
group by access_ip
having count(access_event) = 1;
```

2. 再求跳出用户总数

从访客记录表 visitors 中，首先执行内部的子查询。子查询的目的是找到访问事件为'launch'且访问次数为 1 的访客 IP 和对应的访问次数。这个结果将作为临时表 t1。

然后，在临时表 t1 上执行外部查询，使用 Count 函数来计算 t1 中的记录数量。该值代表只访问了一次网站并且事件类型为'launch'的访客 IP 的数量。

```
select count(t1. access_ip) from
(select access_ip,count(access_event) cou from visitors
where access_event = 'launch'
group by access_ip
having count(access_event) = 1) t1;
```

3. 总人数

从访客记录表 visitors 中，筛选出访问事件为'launch'的访问记录，并按照“点击来源”（click _ source）进行分组统计。然后，使用 Count 函数计算每个点击来源对应的访问事件数量，将其命名为“cou”。统计访问网站时的点击来源，并计算每个来源下的访问事件数量，即为每个网站访问的总人数。

```
select click_source,count(access_event) cou from visitors
where access_event = 'launch'
group by click_source;
```

4. 跳出率

将上述语句整合后即为跳出率：

```
select click_source,t2. cou/t3. cou from
(select count(t1. access_ip) cou from
(select access_ip,count(access_event) cou from visitors
where access_event = 'launch'
group by access_ip
having count(access_event) = 1) t1) t2,
(select click_source,count(access_event) cou from visitors
```

```
where access_event = 'launch'
group by click_source) t3;
```

查询结果如图 8-19 所示。

```
OK
淘宝搜索        0.40625
淘宝橱窗        0.2582781456953642
淘宝直播        0.125
淘宝社区        0.21787709497206703
直通车  0.17105263157894737
聚划算  0.07208872458410351
阿里博客        0.23353293413173654
Time taken: 8.926 seconds, Fetched: 7 row(s)
```

图 8-19 跳出率

（二）人均页面访问数

总访问数：

```
select count(access_ip) from visitors group by click_source;
```

总人数：

```
select count(user_id) from users group by click_source;
```

人均页面访问数：从访客记录表 visitors 中统计每个点击来源（click _ source）对应的访问次数，计算每个点击来源下的访问次数数量。该查询结果作为临时表 t1。

从用户表 users 中统计每个点击来源对应的用户数量，计算每个点击来源下的用户数量。该查询结果作为临时表 t2。

在临时表 t1 和 t2 上执行外部查询，将两个表连接起来，并使用数学运算符“/”计算每个点击来源下访问次数与用户数量的比例，最终结果包括点击来源和对应的比例值。

通过 WHERE 子句将临时表 t1 和 t2 按照点击来源进行匹配，确保只计算相同点击来源的比例。

```
select t1. click_source,t1. cou/t2. cou from
(select click_source,count(access_ip) cou from visitors group by click_source) t1,
(select click_source,count(user_id) cou from users group by click_source) t2
where t1. click_source = t2. click_source;
```

查询结果如图 8-20 所示。

```
聚划算  14.549800796812749
淘宝社区        4.653386454183267
淘宝橱窗        5.431111111111111
直通车  2.994871794871795
淘宝搜索        5.095238095238095
淘宝直播        4.945833333333334
Time taken: 15.207 seconds, Fetched: 6 row(s)
```

图 8-20 人均页面访问数

三、网站销售类指标

网站销售类指标如图8-21所示。

（一）下单—支付金额转化率

下单—支付金额转化率实际上就是支付买家数/网站访客数。

（1）在订单表orders中筛选出支付状态为“支付成功”的订单记录，并按照点击来源（click_source）进行分组统计，计算每个点击来源下的订单数量。该查询结果作为临时表c1。

（2）在访客记录表visitors中统计每个点击来源对应的访问次数，计算每个点击来源下的访问次数数量。该查询结果作为临时表c2。

（3）在临时表c1和c2上执行外部查询，将两个表连接起来，并使用数学运算符“/”计算每个点击来源下支付成功订单数量与访问次数的比例。最终结果包括点击来源和对应的比例值。

（4）通过WHERE子句将临时表c1和c2按照点击来源进行匹配，确保只计算相同点击来源的比例。

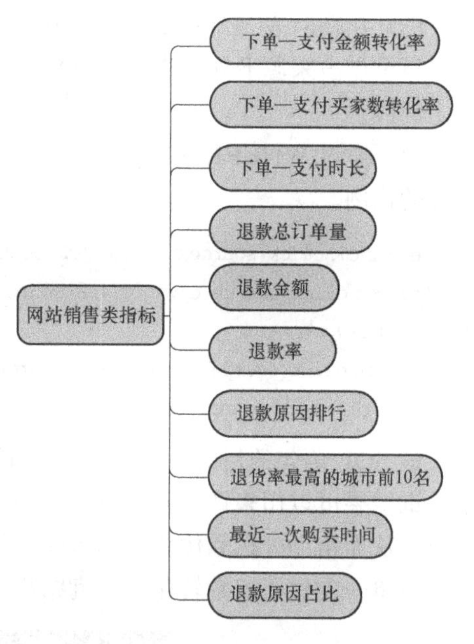

图8-21　网站销售类指标

```
select c1.click_source,c1.cont1/c2.cont2 from
(select click_source,count(click_source) cont1 from orders where  pay_staus='支付成功' group by
click_source) c1,
(select click_source,count(click_source) cont2 from visitors  group by click_source) c2
where c1.click_source=c2.click_source;
```

下单—支付金额转化率查询结果如图8-22所示。

```
阿里博客          0.05665024630541872
淘宝社区          0.05907534246575342 5
淘宝橱窗          0.0630114566284779
直通车  0.05251141552511415
淘宝搜索          0.06542056074766354
聚划算  0.04928806133625411
淘宝直播          0.06149957877000842 4
Time taken: 8.747 seconds, Fetched: 7 row(s)
```

图8-22　下单—支付金额转化率查询结果

（二）下单—支付买家数转化率

下单—支付买家数转化率实际上就是支付买家数/下单买家数。

（1）在订单表orders中筛选出支付状态为“支付成功”的订单记录，并按照点击来源（click_source）进行分组统计，计算每个点击来源下的支付成功订单数量。该查询结果作为临时表 c1。

(2) 在订单表 orders 中统计每个点击来源对应的订单数量，不限定支付状态，即统计所有订单数量。该查询结果作为临时表 c2。

(3) 在临时表 c1 和 c2 上执行外部查询，将两个表连接起来，并使用数学运算符“/”计算每个点击来源下支付成功订单数量与总订单数量的比例。最终结果包括点击来源和对应的比例值。

(4) 通过 WHERE 子句将临时表 c1 和 c2 按照点击来源进行匹配，确保只计算相同点击来源的比例。

```
select c1.click_source,c1.cont1/c2.cont2 from
(select click_source,count(click_source) cont1 from orders where  pay_staus = '支付成功' group by click_source) c1,
(select click_source,count(click_source) cont2 from orders  group by click_source) c2
where c1.click_source = c2.click_source;
```

该 SQL 语句的目的是统计不同点击来源下支付成功订单数量与总订单数量的比例。这个查询结果可以用来评估各个点击来源的订单转化率，即点击来源中有多少订单最终完成了支付，从而帮助分析和优化营销策略，提高订单转化效果。

下单—支付买家数转化率查询结果如图 8-23 所示。

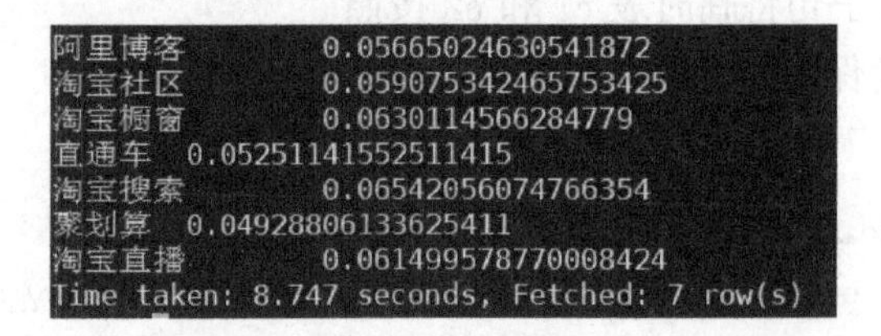
```
阿里博客        0.05665024630541872
淘宝社区        0.059075342465753425
淘宝橱窗        0.0630114566284779
直通车  0.05251141552511415
淘宝搜索        0.06542056074766354
聚划算  0.04928806133625411
淘宝直播        0.061499578770008424
Time taken: 8.747 seconds, Fetched: 7 row(s)
```

图 8-23 下单—支付买家数转化率查询结果

(三) 退款总订单量

下单—支付金额转化率实际上就是支付买家数/网站访客数。

(1) 从订单表 orders 中选择订单号 (order _ id) 和点击来源 (click _ source)，并将其作为临时表 c1。

(2) 从退款表 refund 中选择订单号 (order _ id)，并将其作为临时表 c2。

(3) 在临时表 c1 和 c2 上执行外部查询，通过订单号进行连接匹配，找出在两个表中都存在的订单号。只有当订单号同时存在于 c1 和 c2 中时，才会包括在结果中。

(4) 对点击来源进行分组，在每个点击来源下计算具有交叉的订单号的总和，即该点击来源下交叉订单的数量。

(5) 按照点击来源进行分组，得到各个点击来源下交叉订单数量的汇总。

```
select  click_source,sum(c1.order_id) from
(select order_id,click_source from orders) c1,
(select order_id from refund) c2
where c1.order_id  =  c2.order_id
group by click_source;
```

该 SQL 语句的目的是统计在订单表和退款表中均存在的订单号，并根据点击来源进行分组，计算每个点击来源下的交叉订单数量。这个查询结果可以用来了解退款情况对不同点击来源的影响，例如某个点击来源下退款较多，可能需要进行进一步的调查和优化。

退款总订单量查询结果如图 8-24 所示。

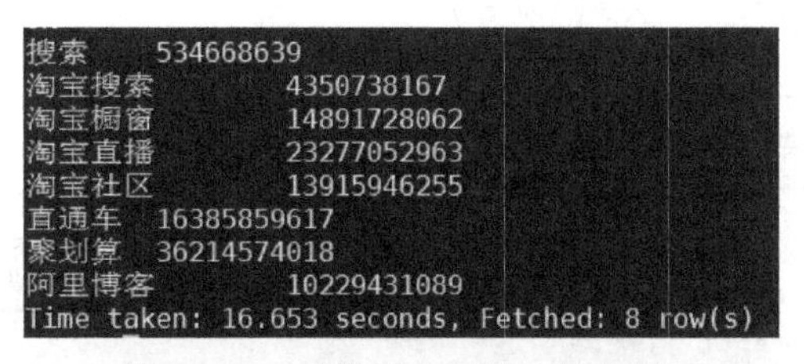

图 8-24　退款总订单量查询结果

（四）退款金额

退款金额就是退款表在商品表中查找退款的商品。

（1）从退款表 refund 中按照商品 ID 进行分组统计，计算每个商品 ID 对应的退款数量，并将其作为临时表 a1。然后，从商品表 item 中选择商品 ID 和商品价格，并将其作为临时表 a2。

（2）在临时表 a1 和 a2 上执行内部连接，通过相等条件“a1. cou=a2. goods _ id”，找出具有相同商品 ID 和退款数量的记录，在临时表 a3 中计算每个商品 ID 对应的退款金额，即退款数量乘以商品价格。

（3）从订单表 orders 中选择点击来源（click _ source）和商品 ID（goods _ id），将其作为临时表 a4。

（4）在临时表 a3 和 a4 上执行内部连接，通过相等条件“a3. cont=a4. goods _ id”，找出具有相同商品 ID 和退款金额的记录。

（5）按照点击来源进行分组，计算每个点击来源下退款金额的总和。

```
select a4.click_source,sum(a3.price) from
(select a1.cou cont,a1.cou * a2.goods_price price from
(select count(goods_id) cou from refund group by goods_id) a1,
(select goods_id,goods_price from item) a2
where a1.cou = a2.goods_id ) a3,
(select click_source,goods_id from orders) a4
where a3.cont = a4.goods_id
group by a4.click_source;
```

该 SQL 语句的目的是统计每个点击来源下退款的总金额，其中退款金额是根据退款表和商品表中的数据计算得到的。这个查询结果可以用来评估各个点击来源下的退款情况，从而帮助分析退款金额的分布和原因，以及针对退款情况制订相应的优化措施。

退款金额查询结果如图 8-25 所示。

图 8-25　退款金额查询结果

四、 商品类指标

商品类指标如图 8 - 26 所示。

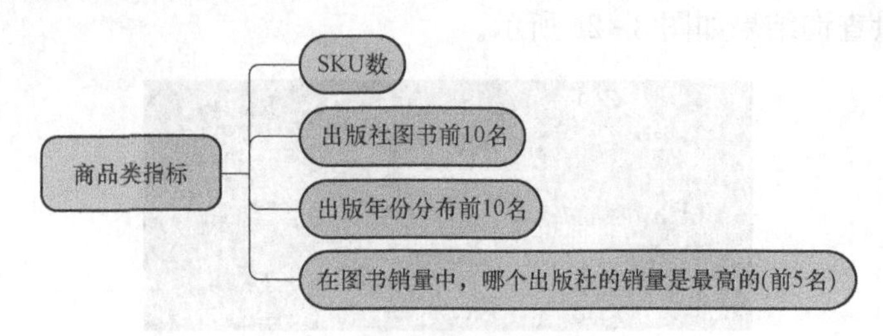

图 8 - 26 商品类指标

（一）SKU 数

SKU，是指“库存单位”的缩写，通常用于描述商品的不同属性、规格或变体。每个 SKU 对应着一个具体的商品，它可以唯一地标识不同的产品变体。

对于一个商品，如果存在多个不同的属性、规格或变体，那么每个属性、规格或变体组合所对应的不同 SKU 数量就是该商品的 SKU 数。比如，一款 T 恤衫有不同颜色和尺码可选，那么每个颜色和尺码的组合都会对应一个不同的 SKU，因此该款 T 恤衫的 SKU 数就是不同颜色乘以不同尺码的数量。

SKU 数的多少反映了商品的多样性和细分程度。通常，较高的 SKU 数表示商品的属性和变体较多，适应了不同消费者的需求，同时也对库存管理和销售策略提出了更高的要求。而较低的 SKU 数则可能意味着商品的属性和变体较少，更容易管理和推广，但在满足消费者多样化需求方面可能存在一定的限制。

因此，通过统计 SKU 数可以了解到商品的多样性和细分程度。在营销、供应链和库存管理等方面提供参考依据，以帮助企业进行合理的商品搭配和经营决策。

```
select author,press,pub_time,IDBN from item;
```

SKU 数查询结果如图 8 - 27 所示。

```
hive> select author,press,pub_time,IDBN from item;
OK
作者	出版社	出版时间	NULL
鲁迅	人民教育出版社	null	NULL
明天出版社	明天出版社	null	NULL
海伦.凯勒	汕头大学出版社	41791	NULL
无	中译出版社	null	NULL
无	山东教育出版社	null	NULL
李亭	武汉出版社	null	NULL
无	延边大学出版社	null	NULL
无	成都地图出版社	null	NULL
法布尔	山东美术出版社	41365	NULL
深圳幼福编辑部	晨光	null	NULL
无	上海科学普及出版社	43435	NULL
罗自国	文化发展出版社	null	NULL
无	海豚出版社	43435	NULL
E猝?怀特	上海译文出版社	null	NULL
```

图 8 - 27 SKU 数查询结果

（二）出版社图书前 10 名

从商品表（item）中选择出版社（press）和商品名称（goods _ name），按照出版社进行分组（group by press），统计每个分组内商品名称的数量（count（goods _ name）），将结果标记为列名“c”。

然后按照列名“c”降序排序（order by c desc），并限制只返回前 10 条记录（limit 10）。

目的是对商品表中不同出版社的商品数量进行统计，并取出商品数量排名前 10 的出版社。通过这个查询，可以了解目录中的图书出版社数量分布及市场份额分配情况，为更好地协调目录构建、渠道管理和库存控制等方面提供参考。

```
select press,count(goods_name) c from item
group by press order by c desc limit 10;
```

出版社图书前 10 名查询结果如图 8 - 28 所示。

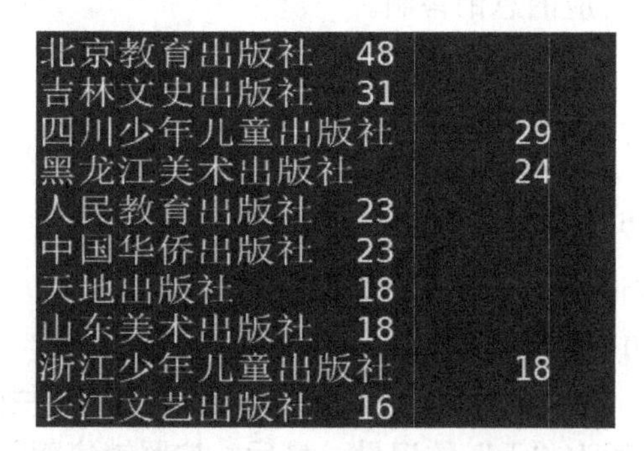

北京教育出版社	48
吉林文史出版社	31
四川少年儿童出版社	29
黑龙江美术出版社	24
人民教育出版社	23
中国华侨出版社	23
天地出版社	18
山东美术出版社	18
浙江少年儿童出版社	18
长江文艺出版社	16

图 8 - 28　出版社图书前 10 名

（三）出版年份分布前 10 名

（1）从商品表（item）中选择月销量（mon _ sales）和发布时间（pub _ time）的子串（年份），其中排除 pub _ time 为“null”的数据。将结果标记为列名“s”和“mon _ sales”。

（2）按照将列名“s”进行分组，计算每个分组内的月销量之和（sum（mon _ sales）），并将结果标记为“s1”。

（3）按照“s1”降序排序（order by s1 desc），并限制只返回前 10 条记录（limit 10）。

目的是统计商品表中每年的月销量，并按照月销量之和降序排序，取出前 10 年的数据。通过这个查询，可以了解不同年份的销售情况，确定哪些年份的销售表现较好，提供数据支持来调整市场策略或供应链管理。

```
select s,sum(t.mon_sales) s1 from
(select mon_sales,SUBSTRING(pub_time,1,4) s from item
where pub_time!  ='null') t
group by t.s order by s1 desc limit 10;
```

出版年份分布前 10 名查询结果如图 8 - 29 所示。

（四）出版社销量前 10 名

首先，从表 item 中选择出版社（press）和销售额（mon _ sales），并按照出版社进行分组。然后，通过 order by 子句按照销售额降序排序。最后，通过 limit 限制结果集大小为 10 条记录。目的是统计每个出版社（press）的销售额，并按照销售额从高到低排序，返回销

```
2018    513107
2014    385518
2012    201853
2013    156799
2015    143127
2016    131729
2017    102365
1905    49392
2010    48794
2019    36429
```

图 8-29　出版年份分布前 10 名查询结果

售额前 10 名的出版社及其对应的总销售额。

```
select press,sum(mon_sales)c from item
group by press order by  c desc limit 10;
select press,sum(mon_sales)c from item
group by press order by  c desc limit 10;
```

出版社销量前 10 名查询结果如图 8-30 所示。

（五）书销量最高前 10 名作者

从表 item 中选择作者（author）和销售额（mon _ sales），并按照作者进行分组。然后，通过 having 子句筛选掉作者为“无”的记录。最后，按照销售额降序排序，并只取前 10 条记录。

```
select author,sum(mon_sales)c from item
group by author having author ! = "无" order by  c desc limit 10;
```

书销量最高前 10 名作者的查询结果如图 8-31 所示。

```
明天出版社        393898
北京教育出版社    162740
延边大学出版社    147402
江苏少年儿童出版社        129183
北方妇女儿童出版社        123054
作家出版社        122309
台海出版社        119999
武汉出版社        119149
吉林文史出版社    110147
黑龙江美术出版社          109813
Time taken: 2.32 seconds, Fetched: 10 row(s)
```

图 8-30　出版社销量前 10 名查询结果

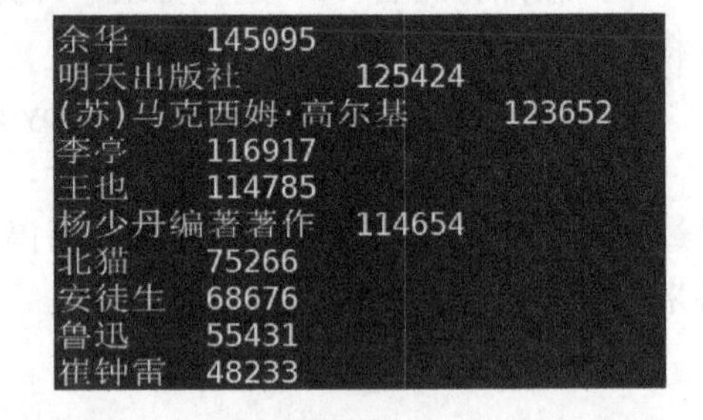

```
余华        145095
明天出版社          125424
(苏)马克西姆·高尔基          123652
李亭        116917
王也        114785
杨少丹编著著作      114654
北猫        75266
安徒生      68676
鲁迅        55431
崔钟雷      48233
```

图 8-31　书销量最高前 10 名作者的查询结果

五、营销类指标

营销类指标如图 8-32 所示。

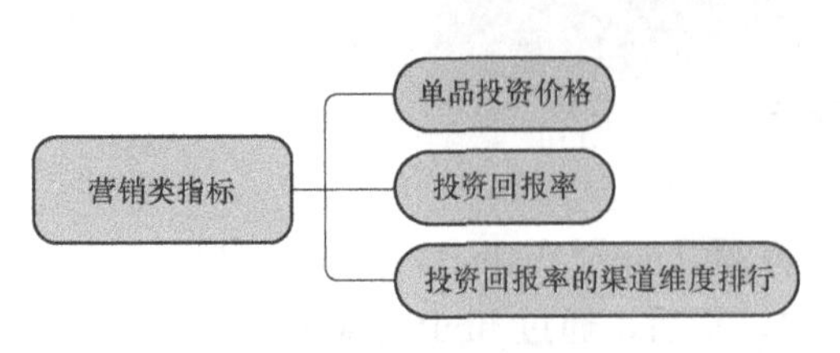

图 8-32　营销类指标

（一）单品投资价格

从表 orders（o）和表 item（i）中选择商品名称（goods _ name）和计算得到的费用

(pricing - goods _ price + click _ cost)，条件是订单表中的商品 ID (goods _ id) 与商品表中的商品 ID (goods _ id) 匹配。

具体的计算方式是将商品表中的定价 (pricing) 减去商品表中的商品价格 (goods _ price)，再加上订单表中的点击成本 (click _ cost)，得到最终的费用。

计算每个订单对应商品的最终费用，并返回商品名称和计算得到的费用。这些计算结果可以用于分析订单的价格差异、成本情况和费用结构，帮助评估销售利润和费用效益，提供参考依据来进行相应的商业决策和经营管理。

```
select i.goods_name,i.pricing - i.goods_price + o.click_cost from
orders o,item i
where o.goods_id = i.goods_id;
```

单品投资价格查询结果如图 8 - 33 所示。

```
好性格好习惯好心态        12.9
米小圈脑筋急转弯书        27.599998
瓦尔登湖(经典珍藏版)      12.700001
古希腊神话故事珍藏版      46.7
海底两万里      10.0
海底两万里      9.9
好性格好习惯好心态        13.2
我们仨杨绛      11.5
黑贝街奇遇      -45.699997
米小圈上学记第一辑        6.6999984
水浒传  13.599999
小布头奇遇记    4.5
自在独行/贾平凹 17.300001
月亮和六便士(毛姆文集)...         80.3
冰心儿童文学精选          -13.800001
思维解码墨菲定律          28.7
你比我想象中勇敢          105.399994
```

图 8 - 33　单品投资价格查询结果

(二) 投资回报率

从表 orders (o) 和表 item (i) 中选择商品名称 (goods _ name) 和计算得到的比例 ((pricing - goods _ price - click _ cost) / (pricing + click _ cost))，条件是订单表中的商品 ID (goods _ id) 与商品表中的商品 ID (goods _ id) 相匹配。

具体的计算方式是将商品表中的定价 (pricing) 减去商品表中的商品价格 (goods _ price)，再减去订单表中的点击成本 (click _ cost)，然后除以商品表中的定价 (pricing) 加上订单表中的点击成本 (click _ cost)，得到一个比例值。

目的是计算每个订单对应商品的成本利润率 (差价占比)，通过计算与定价的差额在总费用中所占的比例来评估商品的利润水平。这些计算结果可以用于分析商品的盈利能力和成本效益，帮助制订定价策略和优化经营决策。

```
select
i.goods_name,(i.pricing - i.goods_price - o.click_cost)/(i.pricing + o.click_cost) from orders o,
```

```
item i
    where o.goods_id = i.goods_id;
```

投资回报率查询结果如图 8-34 所示。

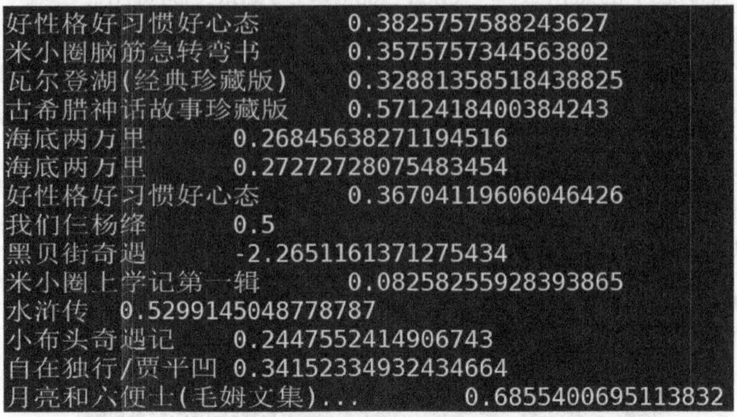

```
好性格好习惯好心态      0.3825757588243627
米小圈脑筋急转弯书      0.3575757344563802
瓦尔登湖(经典珍藏版)    0.32881358518438825
古希腊神话故事珍藏版    0.5712418400384243
海底两万里      0.26845638271194516
海底两万里      0.27272728075483454
好性格好习惯好心态      0.36704119606046426
我们仨杨绛      0.5
黑贝街奇遇      -2.2651161371275434
米小圈上学记第一辑      0.08258255928393865
水浒传  0.5299145048778787
小布头奇遇记    0.2447552414906743
自在独行/贾平凹 0.34152334932434664
月亮和六便士(毛姆文集)...       0.6855400695113832
```

图 8-34　投资回报率查询结果

（三）投资回报率的渠道维度排行

从表 orders（o）和表 item（i）中选择点击来源（click _ source）和计算得到的成本利润率（(pricing - goods _ price - click _ cost) / (pricing + click _ cost)）的总和（sum），条件是订单表中的商品 ID（goods _ id）与商品表中的商品 ID（goods _ id）匹配。然后按照成本利润率的降序（desc）对结果进行分组（group by）和排序（order by），按照点击来源（click _ source）进行分组。

目的是计算不同点击来源的订单中商品的成本利润率总和，并按照成本利润率的降序进行排序。通过这个查询，可以了解不同点击来源的订单中商品的利润水平，找出利润较高的点击来源，为商业决策提供参考依据，帮助优化营销和经营策略。

```
    select
    o.click_source,sum((i.pricing - i.goods_price - o.click_cost)/(i.pricing + o.click_cost)) l from
orders o,item i
    where o.goods_id = i.goods_id group by o.click_source order by l desc;
```

投资回报率的渠道维度排行查询结果如图 8-35 所示。

六、 物流类指标

物流类指标如图 8-36 所示。

（一）平均发货时间

内部查询首先从物流表（logistics l）和订单表（orders o）中选择订单完成时间与下单时间的差值（del _ time - order _ time），并计算每个组别内（del _ time - order _ time）除以（del _ time 的数量）的平均值。结果作为列名“c”返回。

外部查询则对内部查询结果中的“c”列进行求平均（avg）操作，得到所有组别的平均值。

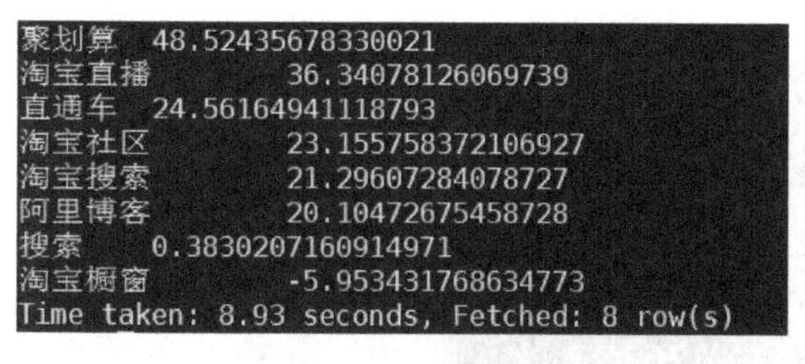

图 8-35　投资回报率的渠道维度排行查询结果

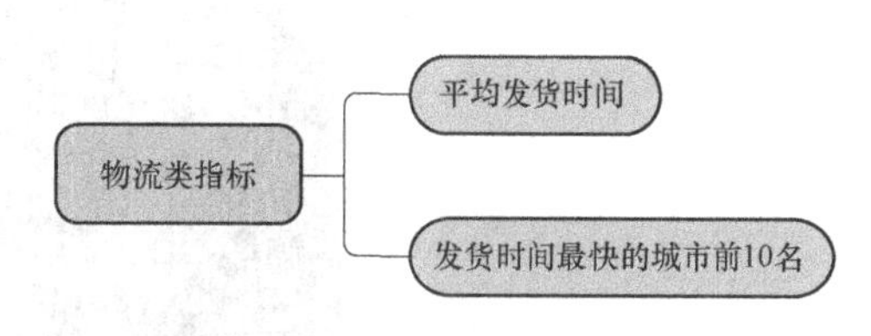

图 8-36　物流类指标

目的是计算不同订单完成时间与下单时间的差值（del _ time - order _ time）在每个组别内的平均值，并返回整体的平均值。通过这个查询，可以了解订单完成时间与下单时间的平均差异，帮助评估订单处理的效率或其他业务指标。

```
select avg(t.c) from (select (del_time-order_time)/count(del_time) c from logistics l,orders o
where o.order_id=l.order_id group by l.del_time,o.order_time) t;
```

平均发货时间查询结果如图 8-37 所示。

```
128404.505
Time taken: 1.685 seconds, Fetched: 1 row(s)
```

图 8-37　平均发货时间查询结果

（二）发货时间最快的城市前 10 名

从表 orders（o）、表 item（i）和表 logistics（l）中选择送货地址（del _ add）和订单完成时间与下单时间的差值（del _ time - order _ time），条件是物流表中的订单 ID（order _ id）等于订单表中的订单 ID（order _ id），且订单表中商品 ID（goods _ id）等于商品表中的商品 ID（goods _ id）。然后按照送货地址进行分组（group by），并按照订单完成时间与下单时间的差值进行排序（order by），然后限制只返回前 10 条记录（limit 10）。

目的是计算不同送货地址的订单的平均送货时间，并按照送货时间的先后顺序对结果进行排序，取出前 10 条记录。这些计算结果可以用于评估不同区域的物流服务质量和配送效率，发现问题和提高服务水平，提供数据支持来完善物流策略，并提高用户体验。

```
select del_add,sum(del_time-order_time) l from
orders o,item i,logistics l
where l.order_id=o.order_id
and o.goods_id=i.goods_id
and del_time is not NULL
group by del_add
order by l
limit 10;
```

发货时间最快的城市前 10 名查询结果如图 8-38 所示。

```
河南新乡      256598
江苏宿迁      275152
江西南昌      304189
陕西西安      312174
四川成都      388698
河北石家庄    400916
天津          476122
山东青岛      516463
江苏苏州      578121
安徽合肥      734191
```

图 8 - 38　发货时间最快的城市前 10 名查询结果

任务三　数 据 展 示

一、可视化软件介绍

Tableau 是一款流行的数据可视化工具，它提供了强大而直观的功能，使用户能够以更直观、易于理解的方式探索和呈现数据。无论是数据分析师、业务用户还是决策者，都可以通过 Tableau 将复杂的数据转化为富有洞察力的视觉图表。它具有直观的拖放式界面，使用户能够轻松地连接各种数据源，包括数据库、Excel 文件、Web 数据等，并进行实时更新。通过简单的操作，用户可以快速创建交互式仪表板和报表，并进行自定义设计，以满足特定需求。

二、可视化软件安装

（1）访问 Tableau 官方网站，在浏览器中输入网址。

（2）导航至下载页面，在官网首页上方的菜单栏中，找到"产品"或"Downloads"按钮，并单击进入下载页面，如图 8 - 39 所示。

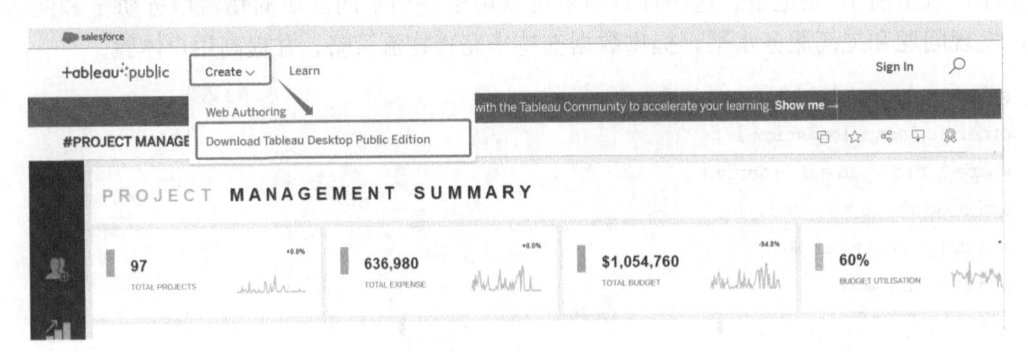

图 8 - 39　Tableau 官网

（3）选择适合的版本，根据操作系统（Windows 或 MACOS）选择相应的 Tableau 版本。同时，请确保选择的版本与操作系统兼容。注册账号登录后即可下载。

（4）下载完成后运行安装程序，双击安装程序文件（通常为 .exe 文件），启动安装向导，如图 8-40 所示。

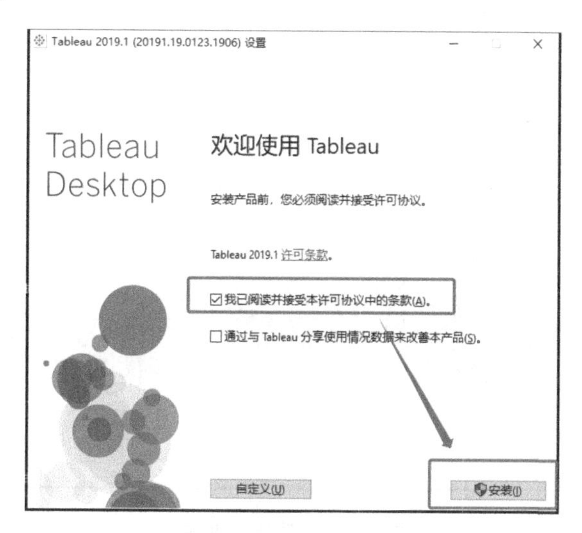

图 8-40 安装程序界面

（5）安装完成，注册后即可。

三、 数据展示

本模块主要通过 Tableau 软件针对上一任务所产生的数据进行多维度可视化展示。

（1）打开 Tableau 软件，单击“Microsoft Excel”选项将目标数据表“结果数据 .xlsx”进行导入，如图 8-41 所示。

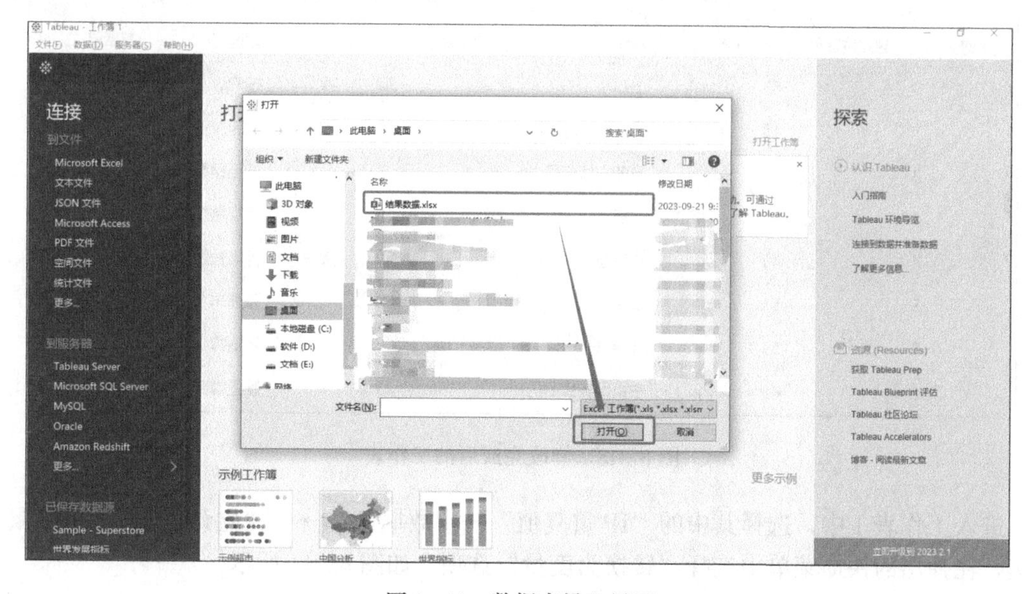

图 8-41 数据表导入界面

（2）完成数据导入后，选择对应的数据表，将其拖曳至右上方操作区，如图 8-42 所示。

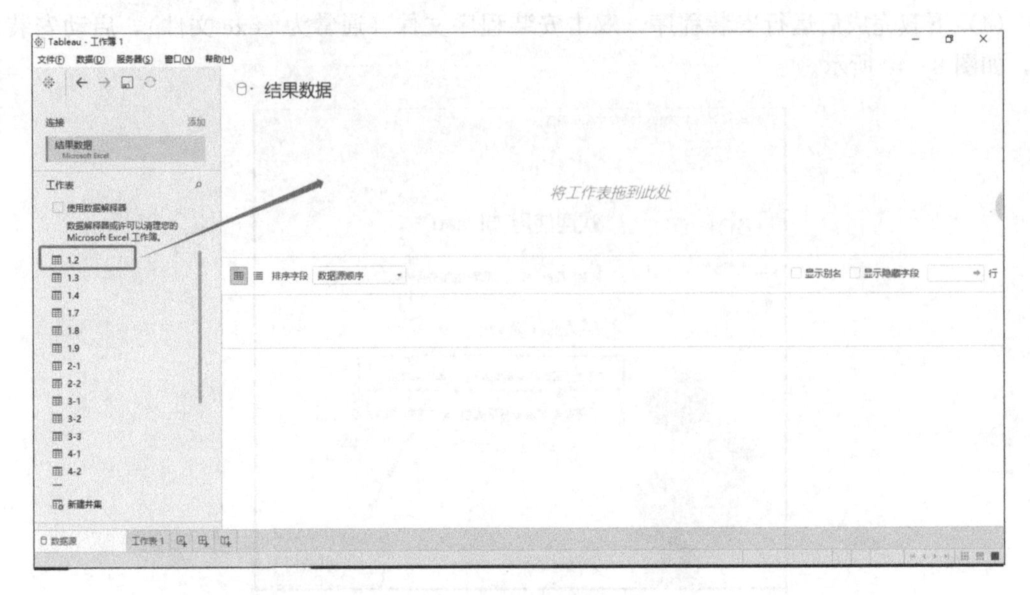

图 8-42 选择数据表

（3）根据需求将目标数据表进行数据处理，其中包含数据拆分、列隐藏等操作。

（一）独立访客数

选择 Sheet1 工作表，将 F1 数据拆分为两列，修改拆分后分别为“小时”“独立访客量”。将 F3 数据拆分为两列，修改拆分后分别为“省份”“IP 重复值”。将 F6 和 F7 数据修改拆分后分别为“渠道”“数据量”。修改完成后的工作表如图 8-43 所示。

计算 小时	计算 独立访客量	Sheet1 F2	计算 省份	计算 IP重复值	Sheet1 F5	Sheet1 渠道	Sheet1 数据量
0	63	Null	上海市	14	Null	搜索	1
1	45	Null	云南省	58	Null	淘宝搜索	78
2	58	Null	内蒙古自治区	Null	Null	淘宝橱窗	148
3	50	Null	北京市	15	Null	淘宝直播	262
4	46	Null	吉林省	49	Null	淘宝社区	127
5	51	Null	四川省	50	Null	直通车	186
6	53	Null	天津市	16	Null	聚划算	376
7	49	Null	宁夏回族自治区	25	Null	阿里博客	128

图 8-43 修改完成后的工作表

进入工作表 1 中，选择其中的“IP 重复值”→“数据量”→“独立访问量”，单击鼠标右键，在弹出的快捷菜单中选择“转换为度量”选项，如图 8-44 所示。

1. 时间维度

拖曳左侧“小时”至列，拖曳左侧“独立访问量”至行，修改视图显示为整个视图，即完成时间维度条形图制作，如图 8-45 所示。

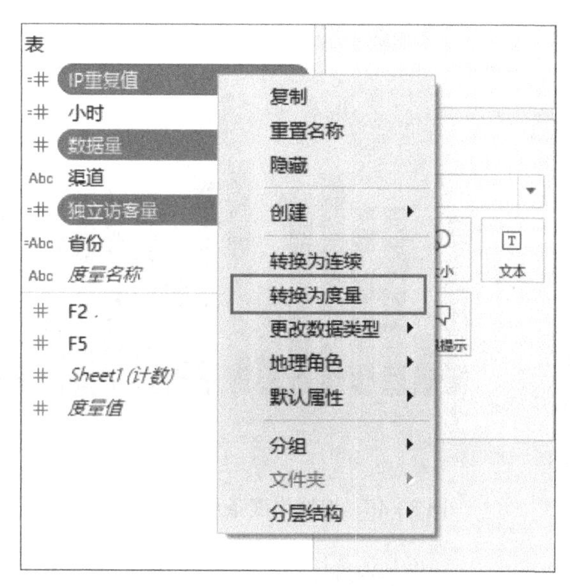

图 8-44　修改数据类型为度量

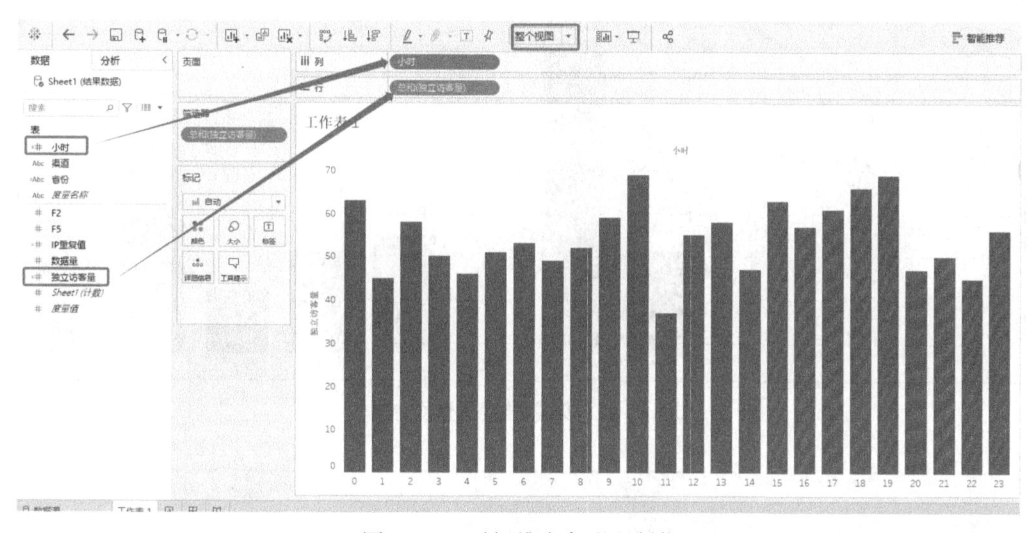

图 8-45　时间维度条形图制作

2. 地域维度

拖曳左侧“省份”至列，拖曳左侧“IP 重复值”至行，修改视图显示为整个视图。对于 null 数值进行筛选处理，即完成地域维度条形图制作，如图 8-46 所示。

3. 渠道维度

拖曳左侧“渠道”至列，拖曳左侧“数据量”至行，修改视图显示为整个视图。对于 null 数值进行筛选处理，即完成渠道维度条形图制作，如图 8-47 所示。

（二）页面访问数（PV）

选择工作表 1 中，将 F1 数据拆分为两列，修改拆分后分别为“小时”“独立访客量”；将 F3 数据拆分为两列，修改拆分后分别为“省份”“IP 重复值”，分别将 F6、F7 数据修改拆分为“渠道”“数据量”。修改完成后的工作表如图 8-48 所示。

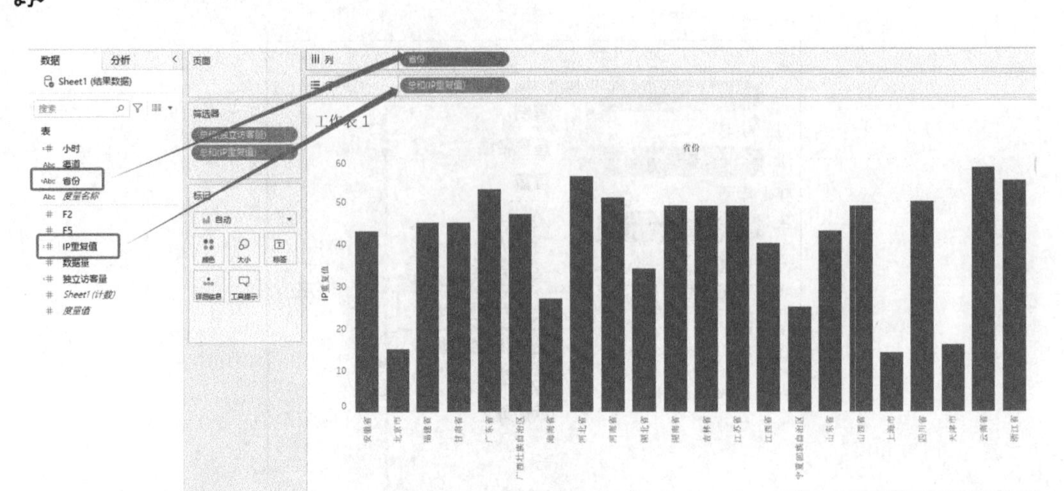

图 8-46　地域维度条形图制作

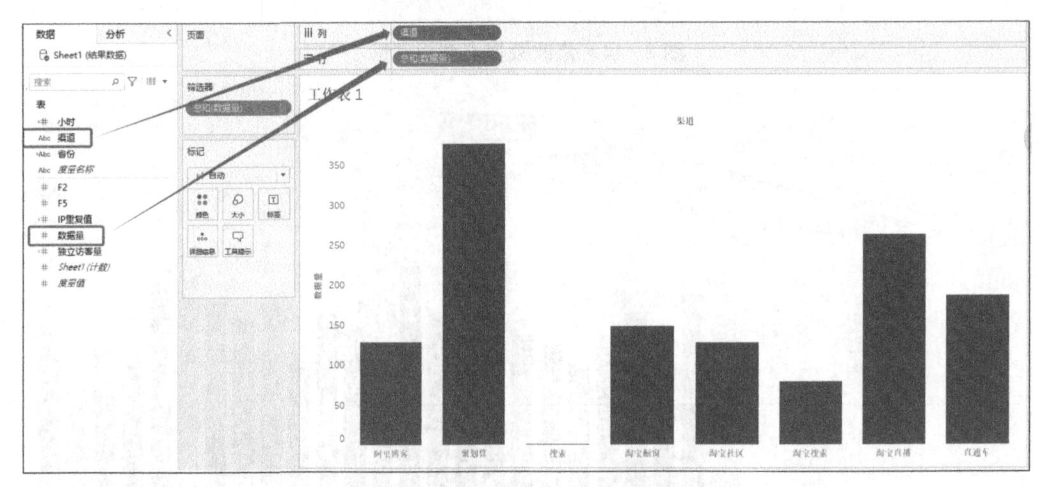

图 8-47　渠道维度条形图制作

计算 小时	计算 独立访客量	Sheet1 F2	计算 省份	计算 IP重复值	Sheet1 F5	Sheet1 渠道	Sheet1 数据量
0	63	Null	上海市	14	Null	搜索	1
1	45	Null	云南省	58	Null	淘宝搜索	78
2	58	Null	内蒙古自治区	Null	Null	淘宝橱窗	148
3	50	Null	北京市	15	Null	淘宝直播	262
4	46	Null	吉林省	49	Null	淘宝社区	127
5	51	Null	四川省	50	Null	直通车	186
6	53	Null	天津市	16	Null	聚划算	376
7	49	Null	宁夏回族自治区	25	Null	阿里博客	128

图 8-48　修改完成后的工作表

选择到工作表 1 中，选择其中的“IP 重复值”→“数据量”→“独立访问量”，单击鼠标右键，在弹出的快捷菜单中选择“转换为度量”选项，如图 8-49 所示。

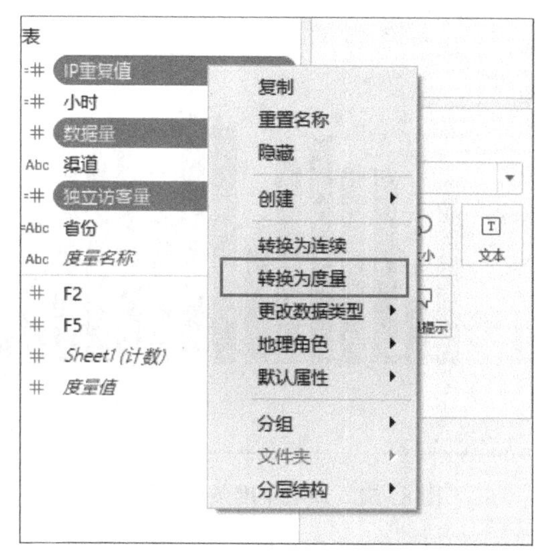

图 8-49 “转换为度量”选项

1. 时间维度

拖曳左侧“小时”至列，拖曳左侧“独立访问量”至行，修改视图显示为整个视图，即完成时间维度条形图制作，如图 8-50 所示。

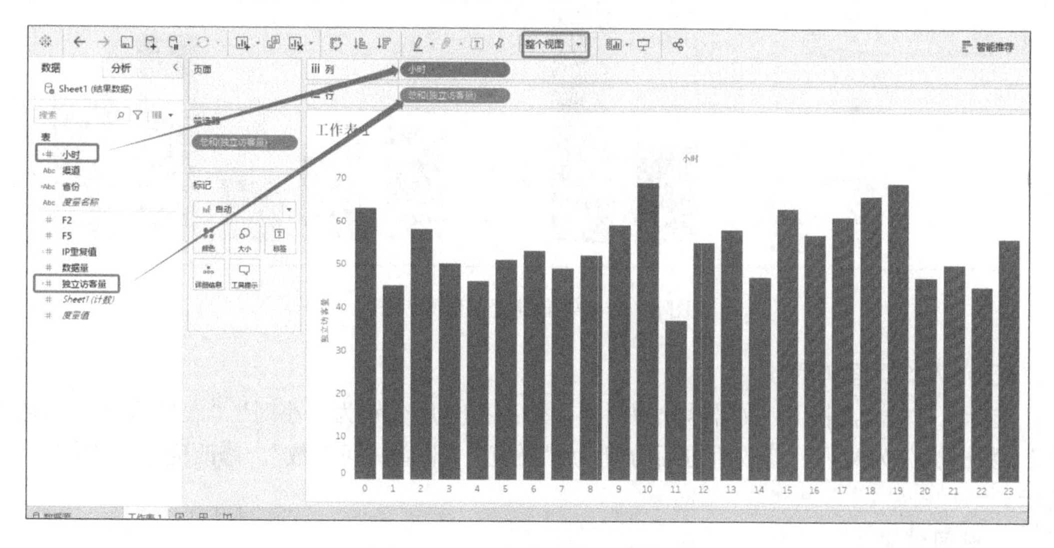

图 8-50 时间维度条形图制作

2. 地域维度

拖曳左侧“省份”至列，拖曳左侧“IP 重复值”至行，修改视图显示为整个视图。对于 null 数值进行筛选处理，即完成地域维度条形图制作，如图 8-51 所示。

3. 渠道维度

拖曳左侧“渠道”至列，拖曳左侧“数据量”至行，修改视图显示为整个视图。对于

null 数值进行筛选处理，即完成渠道维度条形图制作，如图 8-52 所示。

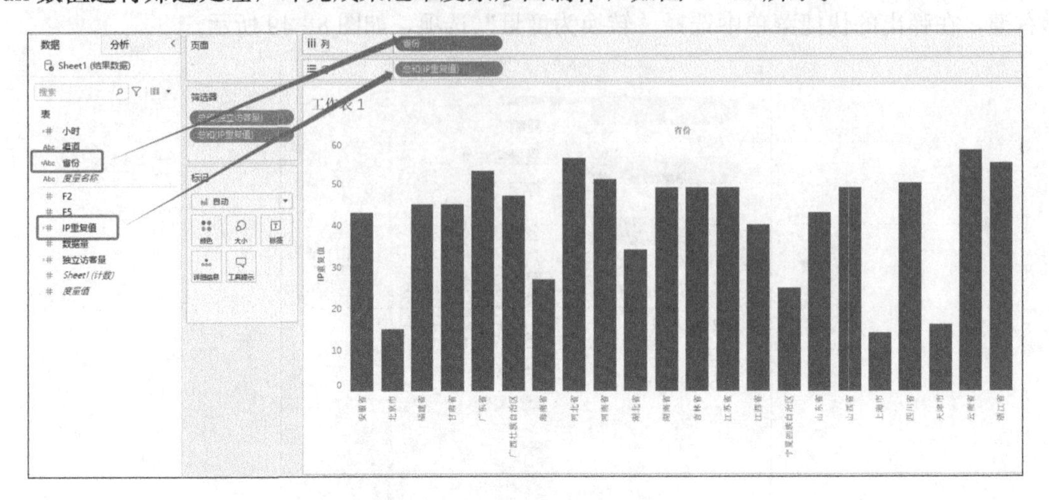

图 8-51　地域维度条形图制作

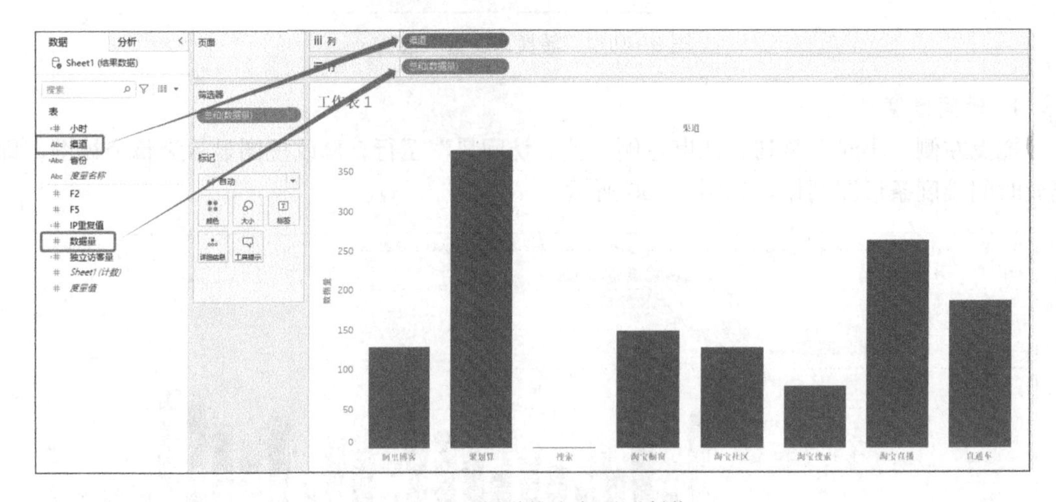

图 8-52　渠道维度条形图制作

（三）人均页面访问数

选择工作表 1，将 F1 数据拆分为两列，修改拆分后分别为“小时”“人均页面访问数”。将 F5 数据拆分为两列，修改拆分后分别为“渠道”“渠道访问人数”。修改完成后如图 8-53 所示。

1. 时间维度

拖曳左侧“小时”至列，拖曳左侧“人均页面访问数”至行，修改视图显示为整个视图。拖曳左侧“人均页面访问数”至标签，修改图类型为“线”，即完成人均页面访问数折线图显示，如图 8-54 所示。

2. 渠道维度

拖曳左侧“渠道”至列，拖曳左侧“渠道访问人数”至行，修改视图显示为整个视图，即完成渠道人均页面访问数图显示，如图 8-55 所示。

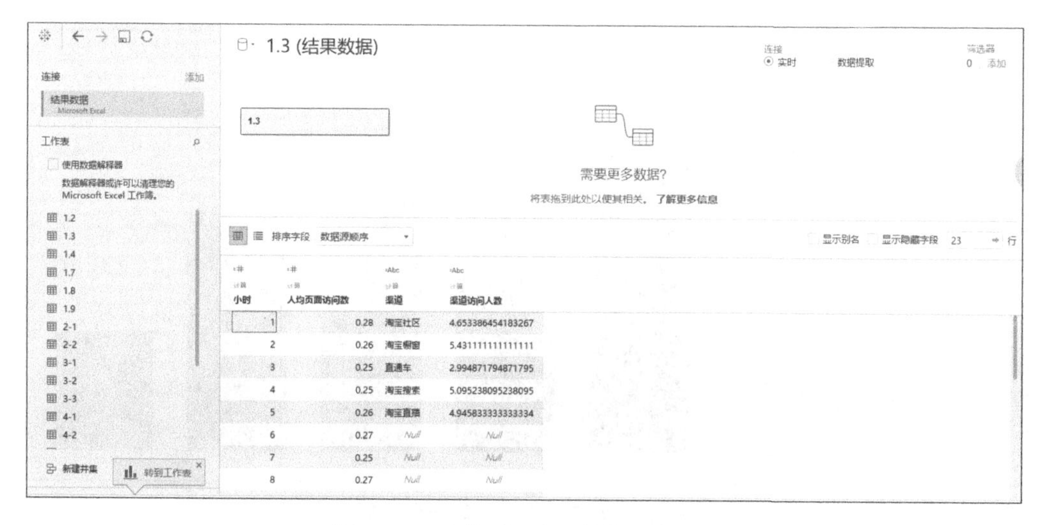

图 8-53 人均页面访问数修改完成后

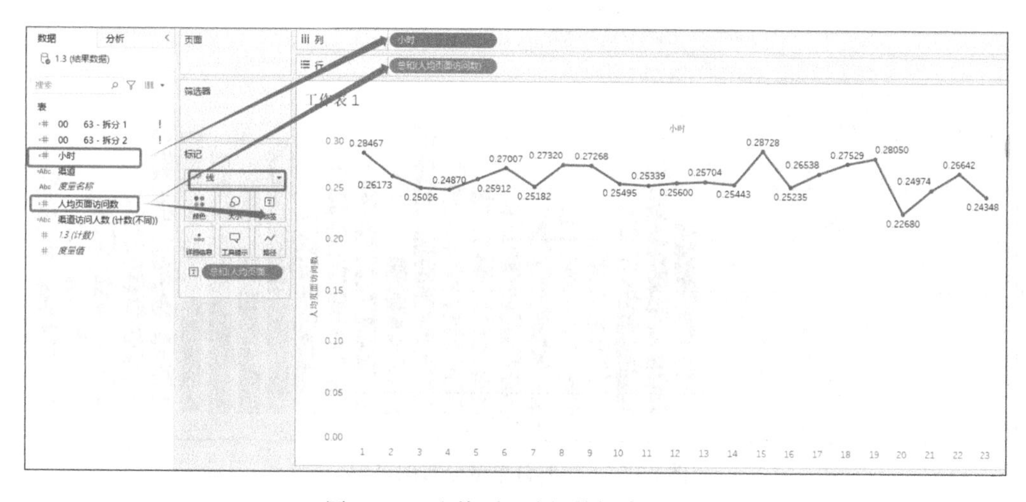

图 8-54 人均页面访问数折线图显示

（四）总订单数量

1. 时间维度

拖曳左侧“小时”至列，拖曳左侧“订单量”至行，修改视图显示为整个视图，将订单量数据类型修改为“度量”，即完成小时订单量分布图显示，如图 8-56 所示。

2. 空间维度

拖曳左侧“省份”至列，拖曳左侧“订单总数量”至行，修改视图显示为整个视图，将订单总数量数据类型修改为“度量”，即完成省份订单量分布图显示，如图 8-57 所示。

（五）跳出率

拖曳左侧“渠道”至列，拖曳左侧“跳出率”至行，修改视图显示为整个视图，将跳出率类型修改为“度量”，即完成访客获取成本分布图显示，如图 8-58 所示。

（六）页面访问时长

拖曳左侧“页面”至列，拖曳左侧“人均页面访问时长”至行，修改视图显示为整个视

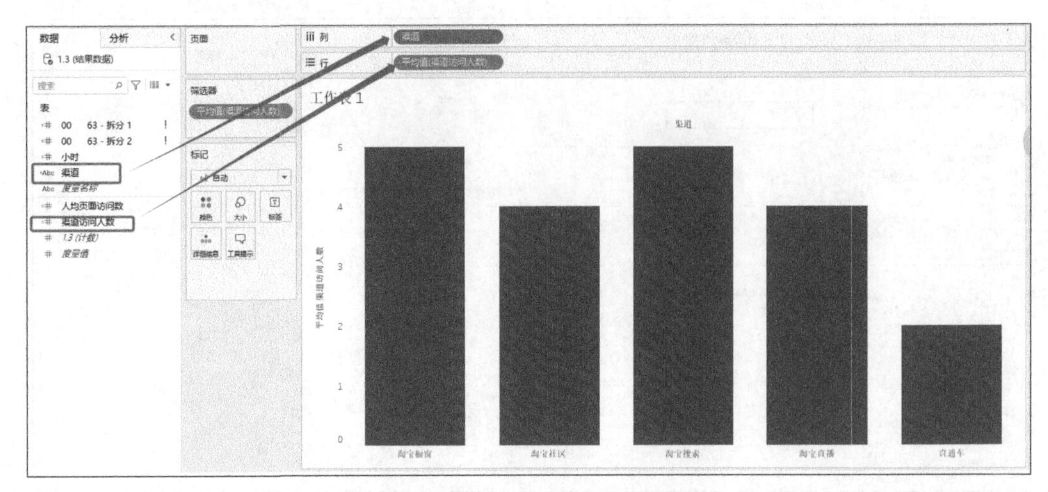

图 8-55　渠道人均页面访问数图显示

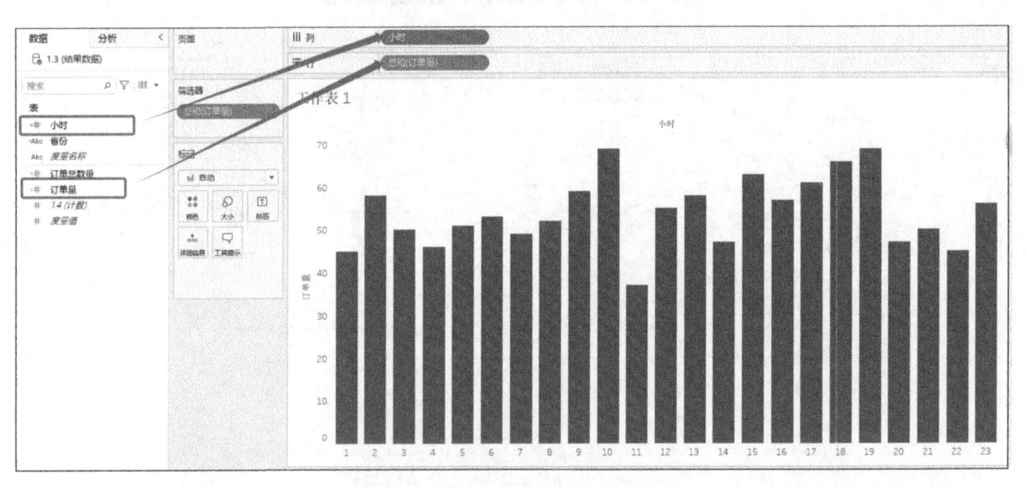

图 8-56　小时订单量分布图显示

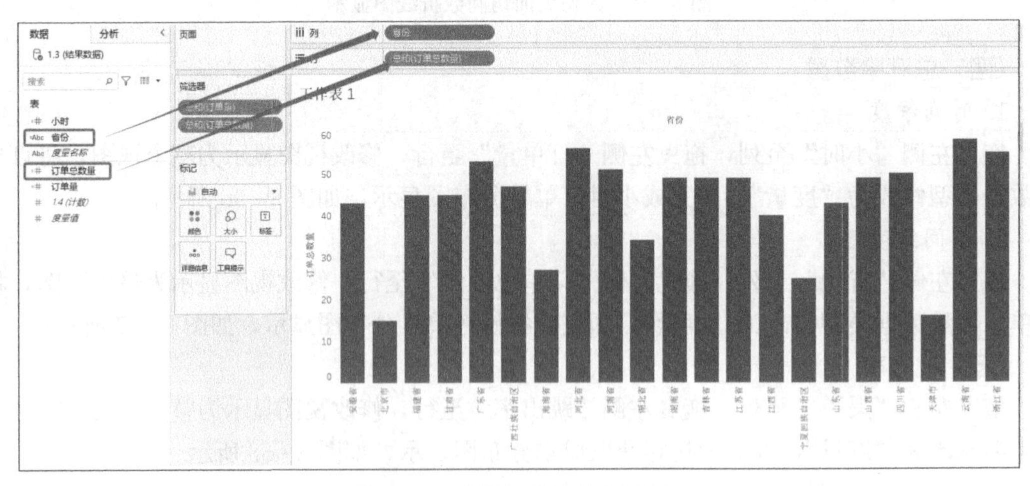

图 8-57　省份订单量分布图显示

图，将“人均页面访问时长”类型修改为“度量”，即完成人均页面访问时长分布图显示，如图 8-59 所示。

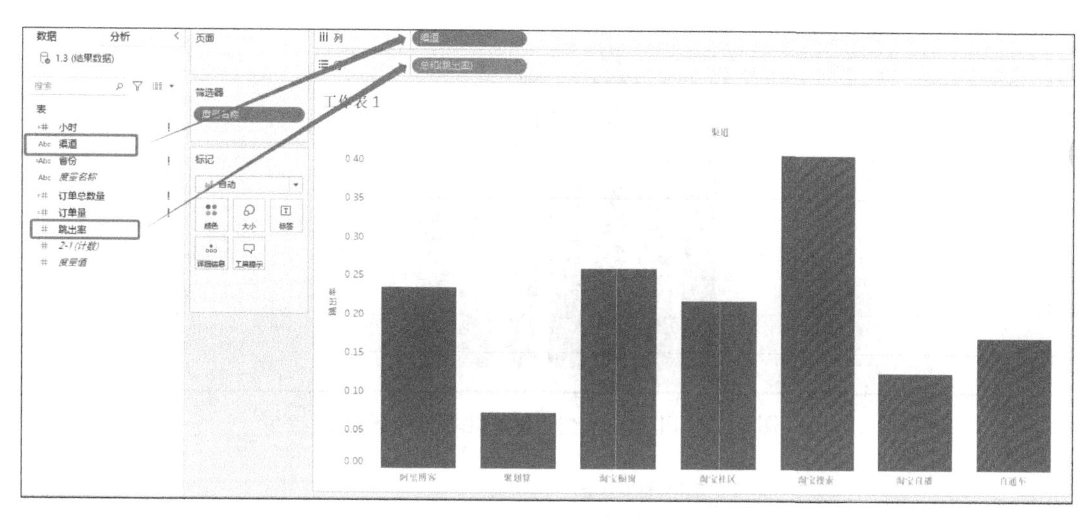

图 8-58 访客获取成本分布图显示

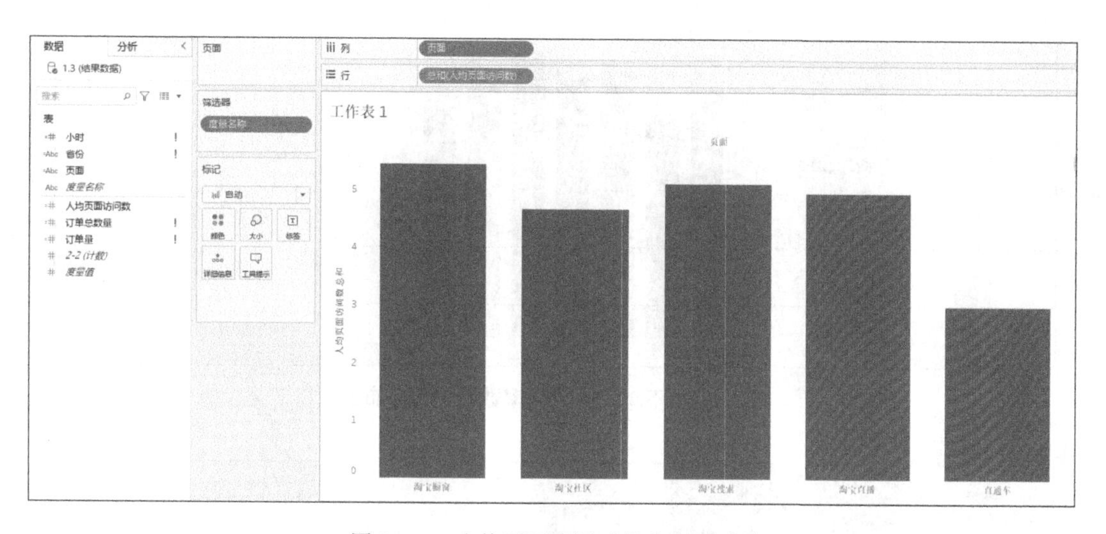

图 8-59 人均页面访问时长分布图显示

（七）下单—支付金额转化率

拖曳左侧“网站”至列，拖曳左侧“转化率”至行，修改视图显示为整个视图，将转化率类型修改为“度量”，即完成下单—支付金额转化率分布图显示，如图 8-60 所示。

（八）下单—支付买家数转化率

拖曳左侧“网站”至列，拖曳左侧“转化率”至行，修改视图显示为整个视图，将转化率类型修改为“度量”，即完成下单—支付买家数转化率分布图显示，如图 8-61 所示。

（九）退款金额

拖曳左侧“网站”至列，拖曳左侧“退款金额”至行，修改图形类型为饼图，修改视图显示为整个视图，将转化率类型修改为“度量”，即完成退款金额饼图显示，如图 8-62 所示。

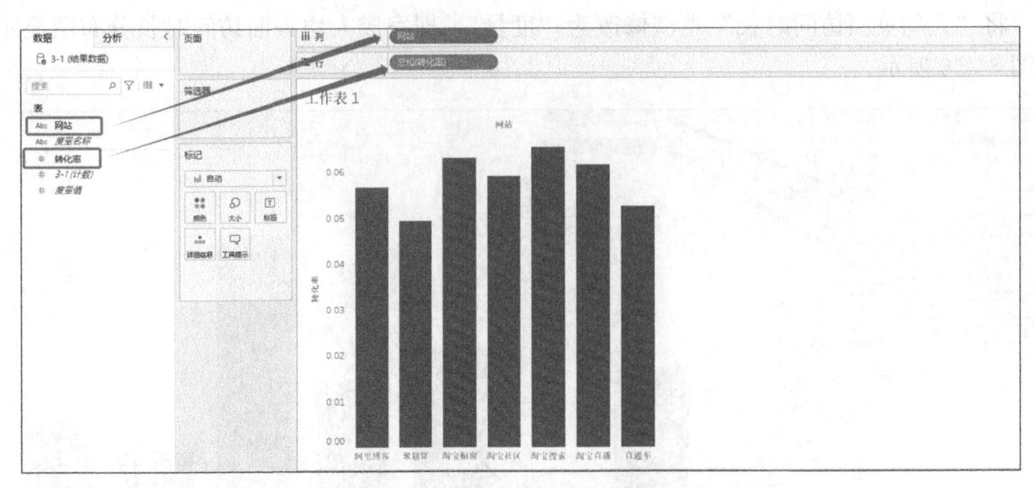

图 8-60　下单—支付金额转化率分布图显示

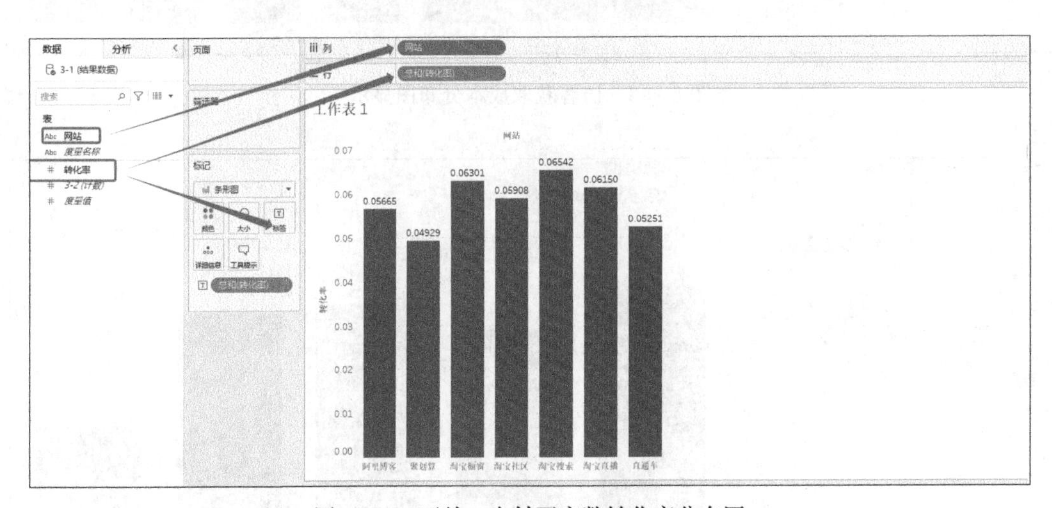

图 8-61　下单—支付买家数转化率分布图

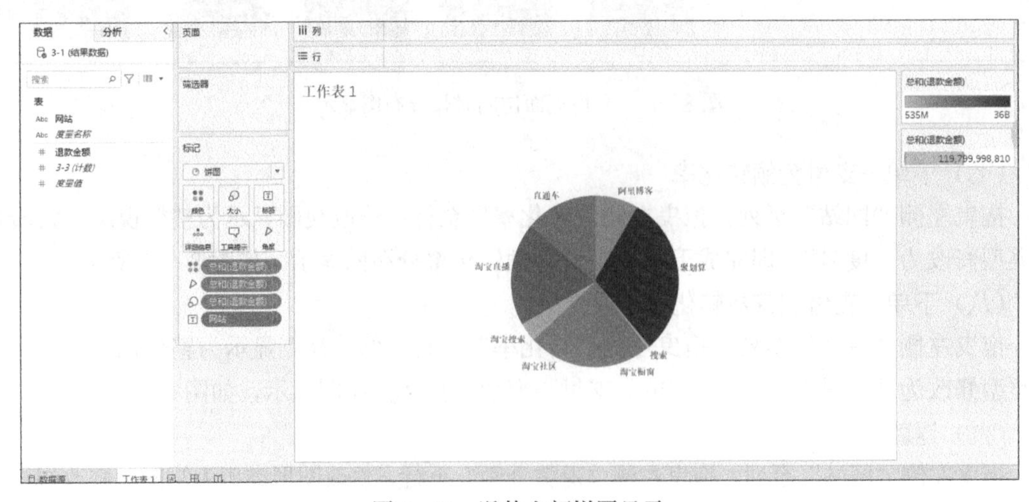

图 8-62　退款金额饼图显示

（十）出版社图书前 10 名

拖曳左侧“出版社”至列，拖曳左侧“图书排行”至行，修改视图显示为整个视图，将图书排行修改为“度量”，即完成出版社图书前 10 名条形图显示，如图 8-63 所示。

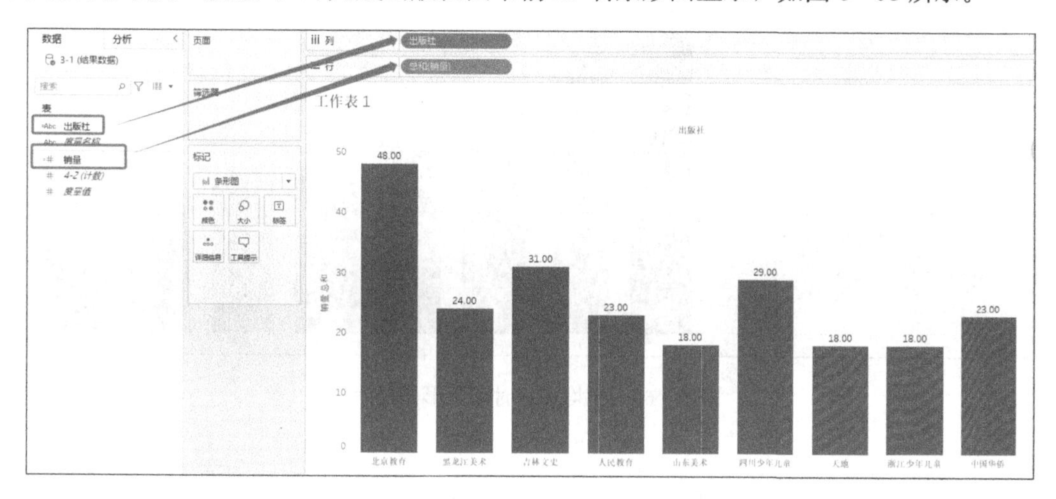

图 8-63　出版社图书前 10 名条形图显示

（十一）出版社销量排行

拖曳左侧“出版社”至列，拖曳左侧“销量”至行，修改视图显示为整个视图，将销量修改为“度量”，即完成出版社销量排行条形图显示，如图 8-64 所示。

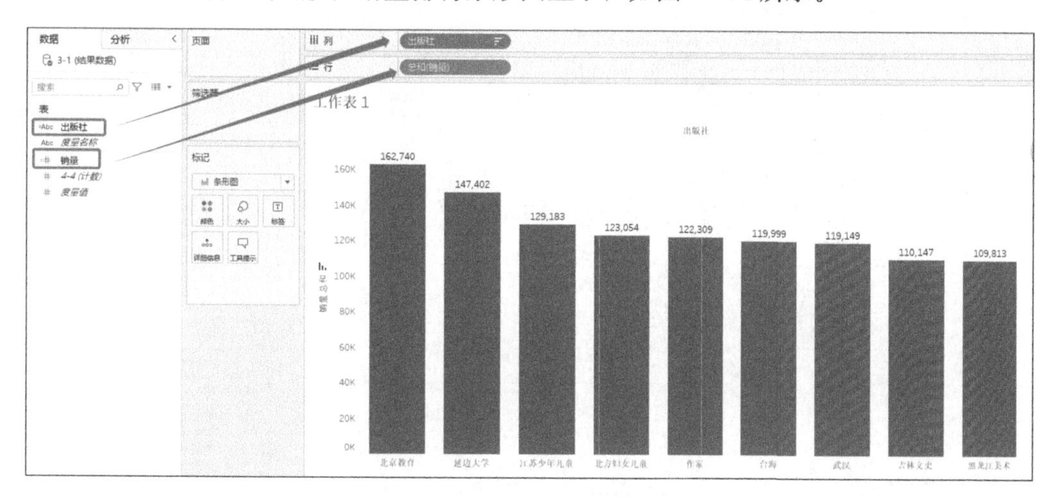

图 8-64　出版社销量条形图显示

（十二）平均发货时间

拖曳左侧“渠道”至列，拖曳左侧“平均发货时间”至行，修改视图显示为整个视图，将发货时间修改为“度量”，即完成平均发货时间条形图显示，如图 8-65 所示。

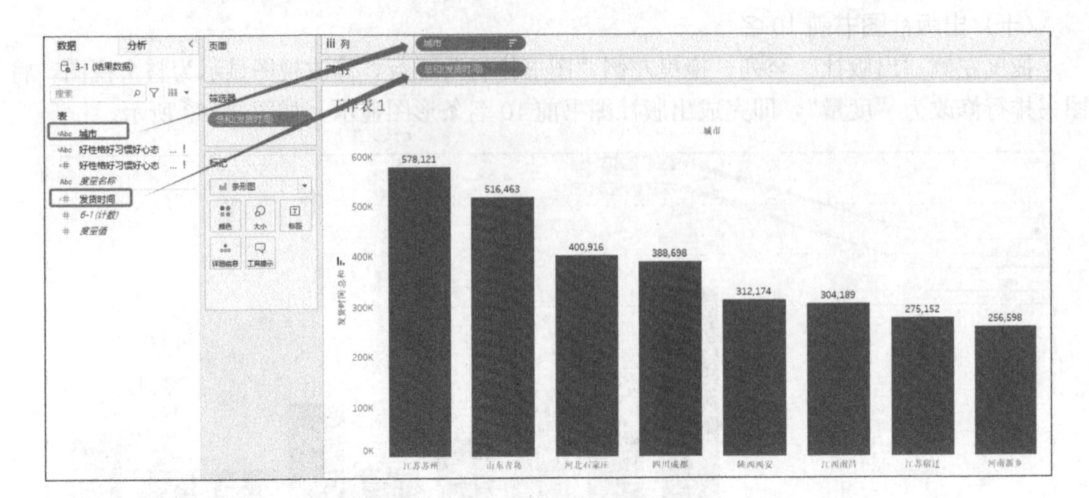

图 8-65　平均发货时间条形图显示